自动化生产线设计与虚拟调试（NX MCD）

主　编　刘方平　苏　磊
副主编　范然然　罗洪波　关来德
　　　　　吴柳宁　谭　琛　何冬康

北京理工大学出版社
BEIJING INSTITUTE OF TECHNOLOGY PRESS

内 容 简 介

本书为项目任务式教材，以三个具体的项目为载体，每个项目分若干个任务。分别为：滑仓系统概念设计与虚拟调试、加盖拧盖单元概念设计与虚拟调试、检测分拣单元概念设计与虚拟调试。第一个项目以基本知识的学习与应用为目的，读者通过该项目的学习与实践初步掌握概念设计与虚拟调试的基本技能；第二个项目、第三个项目以全国职业院校技能大赛"机电一体化项目"竞赛设备为原型进行简化设计，模拟加盖拧盖生产线、检测分拣生产线的运行流程。读者在完成各任务的过程中学习 MCD 知识技能点并熟练掌握其应用，每个任务点均设计有任务验收单作为学习效果检测。虚拟调试部分以 PLC-1500 为例讲解，读者可通过虚拟调试进行 PLC 程序的设计与验证。随书附有丰富的电子资源，每个知识点都有详细操作视频。附有任务实例的模型文件、已完成的模型文件、调试程序、电子课件（PPT），供读者选用。

本书专业技能与职业素养相辅相成，可作为高等院校机电一体化技术、电气自动化技术、智能控制技术、智能机电技术、工业机器人技术等专业的教材，亦可作为企业培训用书。

图书在版编目（C I P）数据

自动化生产线设计与虚拟调试：NX MCD／刘方平，苏磊主编. －－北京：北京理工大学出版社，2023. 9

ISBN 978-7-5763-2916-2

Ⅰ. ①自… Ⅱ. ①刘… ②苏… Ⅲ. ①自动生产线-控制系统设计 ②自动生产线-调试方法 Ⅳ. ①TP278

中国国家版本馆 CIP 数据核字（2023）第 185036 号

责任编辑：封　雪		**文案编辑**：封　雪	
责任校对：刘亚男		**责任印制**：李志强	

出版发行 ／ 北京理工大学出版社有限责任公司

社　　址 ／ 北京市丰台区四合庄路 6 号

邮　　编 ／ 100070

电　　话 ／ （010）68914026（教材售后服务热线）

　　　　　　（010）68944437（课件资源服务热线）

网　　址 ／ http://www.bitpress.com.cn

版印次 ／ 2023 年 9 月第 1 版第 1 次印刷

印　　刷 ／ 涿州市新华印刷有限公司

开　　本 ／ 787 mm×1092 mm　1/16

印　　张 ／ 13.5

字　　数 ／ 295 千字

定　　价 ／ 79.00 元

前　言

　　党的二十大报告中强调了数字化发展的重要性，提出了多项政策措施，以推动数字化发展，促进经济社会数字化转型。数字孪生技术（Digital Twins，DT）是基于工业生产数字化的新概念，是建模仿真技术在智能制造应用领域与物联网、虚拟现实、人工智能等技术相结合的产物，在数字虚拟空间中，以数字化方式为物理对象创建数字孪生体模型，实现虚与实之间的精确映射，最终能够在生产实践中实现产品全寿命周期内的生产、管理、监测等技术的高度数字化运行。

　　数字孪生技术又常被称为数字双胞胎，贯穿了整个产品和企业资产的设计、生产、运行和维护过程，它能够真实、完整地再现整个企业的生产运营过程。企业在实际投产之前能够在虚拟环境下完成产品的设计、优化、仿真验证、调试试运行，同时也能够在生产过程中同步化整个企业流程，实现高效率的柔性生产。

西门子数字孪生技术组成

　　（1）产品数字孪生，能够快速进行产品设计，实现高效率、低成本、高可靠度的产品设计，并且能更加准确地把握产品关键属性和性能。

　　（2）生产数字孪生，能够在虚拟环境下设计和评估工艺方案，合理规划工艺路径，迅速制定最佳的工艺方案，达到优化生产布局、提高资源利用率、提升产能、优化物流和供需链、实现多样订单柔性化生产的目标。

　　（3）性能数字孪生，将车间自动化设备与产品开发、生产工艺设计及生产与决策者紧密联系在一起，随时监测生产的全过程，决策者能够低成本、高效率地发现产品设计、加工、制造、检测过程中存在的不足，从而进行有针对性的调整，使生产更顺畅，效率更高。

数字孪生技术中的虚拟仿真

　　虚拟仿真是在虚拟环境中进行生产线的演示、仿真模拟，对生产线进行模拟仿真，解决生产线的规划、干涉、PLC 逻辑控制等错误；能够很容易发现工艺、控制程序中的不足，从而重构和修改工艺及控制程序；根据虚拟调试结果，再综合考虑加工设备、物流设备、智能工装、控制系统等因素，全面评估生产线的可行性和可靠性，可大大降低产线真机投产时的风险，并大大节约时间成本、人员劳动力成本和经济成本。

机电一体化概念设计

　　产线的数字化、虚拟化是构建数字孪生的前提，西门子 NX 全模块包是一个重要的工程数字化工具，其中的机电一体化概念设计（Mechatronics Concept Designer，MCD）是进行机电联合设计的一种数字化解决方案，能够用来模拟机电一体化系统的复杂运动。

本书为项目式、任务式教材。以三个具体项目为载体，项目的实施又分为多个任务，每个任务均附有《任务验收单》。三个项目分别为滑仓系统概念设计与虚拟调试、加盖拧盖单元概念设计与虚拟调试、检测分拣单元概念设计与虚拟调试。第一个项目的设计以基本知识的学习与应用为目标；第二个项目、第三个项目为技能提升项目，以全国职业院校技能大赛"机电一体化项目"竞赛设备为原型进行简化设计，读者在完成任务的过程中学习 MCD 知识点并熟练掌握其应用。随书附有丰富的电子资源，每个知识点都有详细操作视频。附有任务实例的模型文件、已完成 MCD 的模型文件、PLC 调试程序、电子课件（PPT），供读者选用。

本书内容丰富、贴合应用、层次合理，专业技能与职业素养相辅相成，可作为高职高专院校机电一体化技术、电气自动化技术、智能控制技术、智能机电技术、工业机器人技术等专业的教材，也可作为企业培训用书。书中所使用的软件为 NX 1872、TIA Portal V15.1、S7-PLCSIM Advanced V2.0 SP1，请读者自行安装当前版本或更高版本进行学习。

本书在编写过程中得到西门子（中国）有限公司的大力支持，参考了部分书籍和资料，在此向所有提供帮助的单位和个人致以衷心的感谢！因编写团队水平有限，书中有不足和疏漏之处，恳请广大读者批评指正。

编　者

目　录

项目一　滑仓系统概念设计与虚拟调试

【项目介绍】

在 20 世纪 80 年代前，我国的分拣工作主要依赖人工，效率低且容易出错。随着改革开放的推进和工业化进程的加快，经过数十年的发展，我国已实现从人工分拣到自动化分拣的转变，一些国产分拣设备已经出口到国外，得到了国际客户的认可。

如图 1-1 所示的某滑仓系统由滑仓装置、按钮盒、三色警示灯组成，可用来分拣金属物料与非金属物料。请完成该滑仓系统的概念设计、运动仿真、PLC 程序设计以及虚拟调试（MCD-S7 1500）。

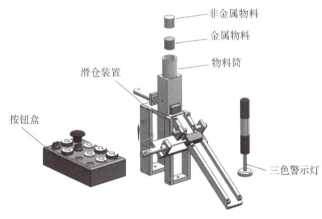

图 1-1　滑仓系统模型

【实施计划】

该项目可分 4 部分完成，各部分阶段性任务为：

（1）滑仓装置的概念设计

完成滑仓装置的概念设计，建立滑仓装置中的输入/输出信号，并完成仿真序列的建立以及信号的创建。

（2）按钮盒及三色警示灯的概念设计

完成按钮盒及三色警示灯的概念设计，能够模拟急停按钮、发光按钮、旋钮、警示灯的动作与显示，并完成输入/输出信号的建立。

（3）滑仓系统软件在环虚拟调试

使用已完成的滑仓装置、按钮盒、三色警示灯的 MCD 模型，实现 MCD 与 PLC 之间的信号映射，实现滑仓系统的软件在环虚拟调试。

（4）滑仓系统 PLC 程序设计与虚拟调试

根据功能要求，完成滑仓系统的 PLC 程序设计并进行软件在环虚拟调试和硬件在环虚拟调试。

任务1　滑仓装置概念设计

任务描述

如图1-1-1所示为滑仓装置的模型，完成该滑仓装置的概念设计，能实现的功能如下：

①金属或非金属物料加入物料筒中后，光纤传感器检测到物料筒有物料，发出信号。

②建立"气缸1伸出信号、气缸1缩回信号、气缸2伸出信号、气缸2缩回信号"4个信号，手动改变信号状态，相应的气缸动作。

③"气缸1缩回、气缸1伸出"动作1次，物料将会被推出到滑道中，被挡料气缸上的挡料滑块挡住。

④电感式接近开关、电容式接近开关两个传感器能正确判断金属物料与非金属物料。

⑤4个磁性开关传感器能正确判断两个气缸的状态（例如：气缸1伸出时，对应位置的磁性开关—气缸1伸出到位传感器动作）。

⑥气缸2缩回、气缸2伸出动作1次，物料能顺利通过并沿着滑道滑落。

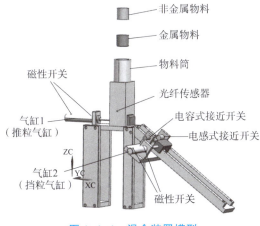

图1-1-1　滑仓装置模型

学习目标

1. 知识目标

①理解刚体、碰撞体、运动副、传感器、对象源、位置控制、信号、仿真序列等命令的概念及其创建方式。

②知道机电概念设计的基本操作步骤。

2. 技能目标

掌握机电装置的数字化设计思路，完成滑仓装置的机电概念设计。

3. 素养目标

了解行业发展方向，提高数字化素养。

 知识链接

一、认识 MCD 软件环境

（一）启动 Siemens NX 软件

本书使用软件版本为 NX 1872，请读者安装此版本或更高版本的 NX 软件进行学习。

MCD 是基于 Siemens NX 平台的应用模块，需要先启动 Siemens NX，在安装完 NX 之后，桌面上生成一个快捷启动图标，双击快捷启动图标启动 NX，正常启动将出现如图 1-1-2 所示界面，启动完成后的界面如图 1-1-3 所示。

图 1-1-2　NX 启动中界面

图 1-1-3　NX 启动完成后的界面

若安装完 NX 后，桌面上没有生成快捷启动图标，以 Win10 系统为例，可按照以下几种方式启动：

①单击桌面左下方的"开始"按钮，找到 Siemens NX→NX，单击鼠标左键后即可成功启动。

②单击桌面左下方的"开始"按钮，找到 Siemens NX→Siemens Mechatronics

Concept Designer，单击鼠标左键后即可成功启动（机电概念设计）。

③在 NX 安装目录的 NXBIN 子目录下双击 ugraf. exe 图标。

（二）进入 MCD 环境

打开 Siemens NX 后，有两种方式可进入 MCD 环境。

①通过新建机电概念设计模块进入：鼠标左键单击文件→新建（或在主页单击新建图标），选择"机电概念设计"选项卡，选择"常规设置"模板或"空白"模板，命名文件名及存放的文件夹地址，再鼠标左键单击"确定"按钮，进入 MCD 环境，如图 1-1-4 所示。

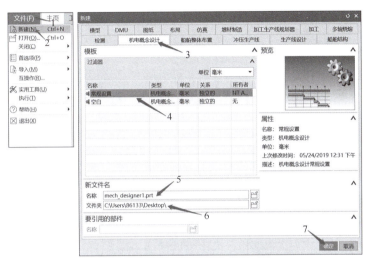

图 1-1-4　新建机电概念设计模块

②切换应用模块进入机电概念设计：若当前为其他模块，如"建模""装配"等，有两种方法可切换到机电概念设计模块。

方法一：选择"文件"→"所有应用模块（A）"→"机电概念设计（H）"选项，进入 MCD 环境，如图 1-1-5 所示。

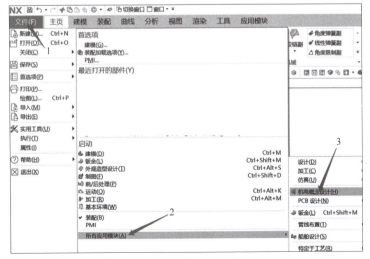

图 1-1-5　切换应用模块进入机电概念设计——方法一

方法二：选择"应用模块"→"更多"选项，单击"机电概念设计"模块，进入MCD 环境，如图 1-1-6 所示。

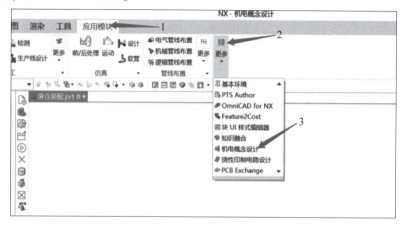

图 1-1-6 切换应用模块进入机电概念设计——方法二

（三）认识 MCD 的工作界面

1. MCD 工作界面的主要组件

在进入机电概念设计（MCD）环境后，进入其工作界面，其主要组件包括"快捷访问工具条""功能区""资源条""图形窗口""提示行/状态行""选项卡区域"，如图 1-1-7 所示，表 1-1-1 所示为工作界面主要组件的名称和说明。

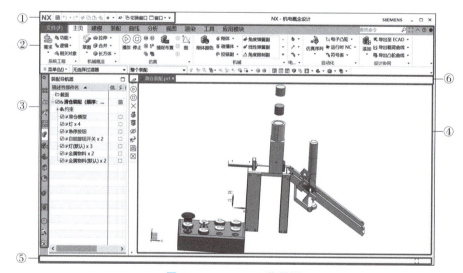

图 1-1-7 MCD 工作界面

表 1-1-1 MCD 工作界面主要组件的名称和说明

编号	组件名称	说明
①	快捷访问工具条	包含常用命令，如保存、撤销、切换窗口等
②	功能区	将命令组织为选项卡和组
③	资源条	包含导航器和资源板，包括部件导航器和运行查看器等

编号	组件名称	说明
④	图形窗口	建模、仿真模型等的可视化窗口
⑤	提示行/状态行	提示动作并显示消息
⑥	选项卡区域	显示在选项卡或窗口中打开的部件，可单击切换

2. 功能区

功能区包含了软件的主要功能，进入不同的应用模块，功能区的陈列方式也会发生改变。"机电概念设计"模块下的功能区包含"主页""建模""装配""曲线""分析""视图""渲染""工具""应用模块"9个选项。其中，"主页"选项自左到右包含"系统工程""机械概念""仿真""机械""电气""自动化""设计协同"等分组工具栏。在各个组中命令按照关联性进行细分，以"图标+文字"的形式按照不同的功能进行分类，安排在不同的下拉菜单中，使用命令时，可按照功能→组→命令寻找，如图1-1-8所示。

图1-1-8　机电概念设计模块主页功能区

①系统工程组：提供了从机电概念设计器到Teamcenter需求模型、功能模型和逻辑模型的链接。

②机械概念组：用于机械件的模型建立，包含草图绘制、拉伸/旋转、合并、减去、相交等三维建模命令。

③仿真组：包括仿真播放、暂停、停止等命令。

④机械组：用于建立机电概念设计的操作指令，包含：基本机电对象、运动副、耦合副、标记表、材料转换、对象转换等命令。

⑤电气组：用于创建电气信号传输与连接特性，以及对象的运动控制。

⑥自动化组：用于设置自动运行的时间序列控制、运动外部信号的连接与控制、运动负载的导入与导出、数控机床的运动仿真等。

⑦设计协同组：包括凸轮曲线和载荷曲线的导出，ECAD的导入与导出，组件的移动、替换、添加、新建等。

3. 资源条

机电概念设计"资源条"中包括："系统导航器""机电导航器""运行时查看器""运行时表达式""装配导航器""约束导航器""部件导航器""重用库""序列编辑器"等，表1-1-2所示为部分导航器的功能描述。

表1-1-2　机电概念设计导航器功能描述

名称	图标	功能描述
系统导航器		用以管理产品的"需求""功能""逻辑"，将更改传至项目上的其他团队
机电导航器		用于创建MCD模型，创建几何体组件的MCD特征，设置运动副、耦合副，添加运动控制、约束、信号、传感器、执行器等，最终创建出可用于仿真的MCD模型

名称	图标	功能描述
运行时查看器		使用运行时查看器来监控所选对象的运行时参数，并对仿真数据进行管理
运行时表达式	P1= P2=	用以添加、设置、查看运行时的表达式
装配导航器		用以显示装配体
约束导航器		显示项目中各个部件在装配时的约束关系
部件导航器		以详细的图形树形式显示部件的各方面，如模型视图、摄像机、测量、模型历史记录等
重用库		用以访问重用的对象和组件
序列编辑器		创建、编辑基于时间或基于事件的仿真操作

（四）常见软件故障处理

在 NX 安装完毕后，打开 NX 软件，有时会出现不能启动的故障，此时，可尝试在"开始"菜单中启动 lmtools，选择"Start/Stop/Reread"选项卡，选中"Force Sever Shutdown"复选框，然后单击"Stop Server"按钮，当成功关闭后，再单击"Start Scrvcr"按钮，等待显示"Server Start Successful"后，关闭该窗口，即可成功打开 NX 软件，如图 1-1-9 所示。

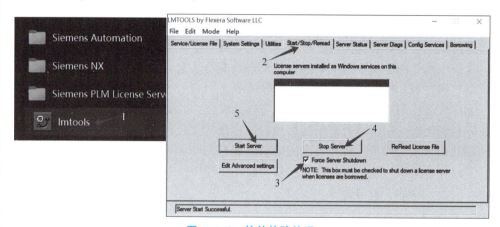

图 1-1-9 软件故障处理

二、基本机电对象与运动副（1）

（一）刚体

1. 刚体的概念

刚体（Rigid Body）通常指在运动中或受力作用下，形状和大小不变，而且内部各点的相对位置不变的物体。而实际上，绝对的刚体是不存在的，因为任何物体在力的作用下都会发生一定的形变，如果物体的形变对于所研究的问题而言影响极为微小，那么就可以把该物体视为刚体。

在机电概念设计中，如果几何体没有被定义为刚体，该几何体将处于完全静止状态，只有当该几何体被定义为刚体属性，该几何体才具备质量属性，可承受外力和扭矩的作用，并受到重力或其他力的影响，同时也具备物理系统下的所有运动属性。

刚体具有的物理属性包括质量、惯性、平动速度、转动速度、质心位置与方向等。在创建刚体时，一个或多个几何体上只能添加一个刚体，刚体之间不可产生交集。

2. 打开"刚体"对话框

打开"刚体"对话框有以下三种方法（其他机电对象及运动副的打开方式与此类似，后面不再一一详解）：

方法一：如图 1-1-10 所示，在机电概念设计环境下依次单击"菜单"→"插入"→"基本机电对象"→"刚体"选项。

图 1-1-10　打开刚体的方法一

方法二：如图 1-1-11 所示，单击工具栏中的"刚体"命令。

方法三：如图 1-1-12 所示，选中资源条选项中的"机电导航器"，然后鼠标右键单击"基本机电对象"选项，最后选择"创建机电对象→刚体"选项。

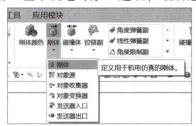

图 1-1-11　打开刚体的方法二

图 1-1-12　打开刚体的方法三

按照上述方法打开"刚体"命令，弹出"刚体"对话框（图1-1-13），若发现对话框中有部分属性没有显示出来，可单击对话框右上角的重置（其他命令的对话框重置操作一样）。

图 1-1-13   "刚体"对话框

"刚体"对话框中各参数的含义见表1-1-3。

表 1-1-3   "刚体"对话框中各参数的含义

序号	选项	含义
1	选择对象	可选择一个或多个对象，所选择的所有对象将会被定义为一个刚体
2	质量属性	包含质量和惯性矩，可选择"自动"或"用户定义"。一般选择为"自动"，此时 NX 将会根据几何信息以及用户设定的值自动计算质量属性。若选择"用户定义"，则需要按照需要手动输入相关的参数信息
3	初始平移速度	定义刚体的初始平移速度
4	初始旋转速度	定义刚体的初始旋转速度
5	刚体颜色	可为定义的刚体制定颜色。制定完颜色后可单击工具栏中的刚体颜色命令 🔧 刚体颜色，即可显示刚体颜色
6	选择标记表单	为刚体制定标记属性的表单，该标记表单需要与读写设备、标记表配合使用
7	名称	定义刚体的名称

3. 实战演练
见本节"任务实施"部分。

（二）固定副

运动副用来定义对象的运动方式，包括铰链副、固定副、滑动副、柱面副、球副、螺旋副、平面副、弹簧副、弹簧阻尼器、限制副、点在线上副、线在线上副等,本节介绍固定副、滑动副、球副。

1. 固定副的概念

固定副(Fixed Joint)是将一个刚体固定到另一个刚体(或大地)上的一种运动副,固定副的所有自由度均被约束,自由度个数为零。

2. 打开"固定副"对话框

如图1-1-14所示,打开"固定副"对话框。

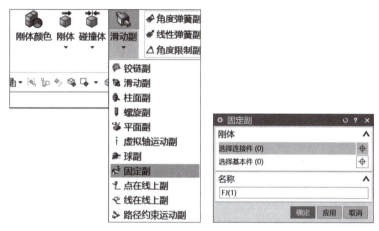

图1-1-14 打开"固定副"对话框

"固定副"对话框中各选项的含义见表1-1-4。

表1-1-4 "固定副"对话框选项的含义

序号	选项	含义
1	选择连接件	选择需要被固定副约束的刚体
2	选择基本件	选择固定副连接件所依附的刚体,如果需要与大地连接,则不做选择
3	名称	定义固定副的名称

3. 实战演练

见本节中"任务实施"部分。

(三)滑动副

1. 滑动副的概念

滑动副(Sliding Joint)是指组成运动副的两个构件之间只能按照某一方向做相对滑动移动,只具有一个相对平移的自由度。

2. 打开"滑动副"对话框

如图1-1-15所示,打开"滑动副"对话框。

图 1-1-15 打开"滑动副"对话框

"滑动副"对话框各选项的含义见表 1-1-5。

表 1-1-5 "滑动副"对话框各选项的含义

序号	选项	含义
1	选择连接件	选择需要添加滑动约束的刚体
2	选择基本件	选择滑动副连接件所依附的刚体，若此项为空，表示连接件与大地之间形成滑动副
3	指定轴矢量	定义滑动副的方向，有多种定义方法，如自动判断矢量、两点、面/平面法向等
4	偏置	开始仿真时，滑动副的初始位置
5	限制	"上限"指滑动副运动的上限；"下限"指滑动副运动的下限
6	名称	定义滑动的名称

3. 实战演练

见本节中"任务实施"部分。

（四）碰撞体

1. 碰撞体（Collisiong Body）的概念

在 MCD 中，如果两个刚体互相撞在一起，只有当两个刚体都定义有碰撞体属性时，物理引擎才会计算碰撞；若刚体没有定义碰撞体属性，在仿真模拟过程中，两个刚体将会相互穿过。

2. 打开"碰撞体"对话框

如图 1-1-16 所示，打开"碰撞体"对话框。

图 1-1-16　"碰撞体"对话框

"碰撞体"对话框中各个选项的含义见表 1-1-6。

表 1-1-6　"碰撞体"对话框各选项的含义

序号	选项	含义
1	选择对象	选择一个或多个对象，依据所选对象计算出碰撞范围的形状
2	碰撞形状	碰撞可选择方块、球体、圆柱、胶囊、凸多面体、多个凸多面体和网格面
3	形状属性	有"自动"和"用户自定义"两个选项："自动"默认形状属性，自动计算碰撞形状；"用户自定义"要求用户输入自定义的参数
4	指定点	指定碰撞形状的几何中心
5	指定坐标系	指定当前碰撞形状的参考坐标系
6	碰撞材料	选择或建立碰撞体的材料属性，包含动摩擦力、静摩擦力、滚动摩擦力和恢复
7	类别	类别的设定可决定碰撞体之间是否发生碰撞，只有定义了相同类别的碰撞体之间才会发生碰撞（类别 0 代表与其他任何类别的碰撞体都会发生碰撞），合理利用类别可减少计算事件，以及区别传感器触发的条件信号
8	碰撞设置	可勾选或取消"碰撞时高亮显示""碰撞时粘连"两个可选项

在 MCD 中利用简化的碰撞形状来提高计算碰撞关系的效率。在 MCD 中，提供了多种碰撞模型（见表 1-1-7），计算性能由高到低依次是：方块≈球体≈圆柱≈胶囊>凸多面体≈多个凸多面体>网格面。

表 1-1-7　碰撞体形状对比

碰撞形状	几何精度	可靠性	仿真性能
方块	低	高	高
球体	低	高	高
圆柱	低	高	高
胶囊	低	高	高
凸多面体	中	高	中
多个凸多面体	中	高	中
网格面	高	低	低

3. 实战演练

见本节中"任务实施"部分。

(五) 碰撞传感器

1. 碰撞传感器的概念

碰撞传感器属于传感器的一种，在 MCD 环境下可以利用碰撞传感器来收集碰撞事件，碰撞事件可以用来触发或停止某些事件，或者用来触发或停止执行机构的某些动作。在虚拟调试中，传感器的结果往往被传回外部控制系统。在连接外部系统之前，碰撞传感器在 MCD 模型中可以用来完成以下操作：

①作为仿真序列执行的条件。

②作为运行时表达式的参数。

③用作计数。

④检测对象的位置。

⑤用来获取对象、收集对象。

2. 打开"碰撞传感器"对话框

如图 1-1-17 所示，打开"碰撞传感器"对话框。

图 1-1-17　打开"碰撞传感器"对话框

"碰撞传感器"对话框中各个选项的含义见表1-1-8。

表1-1-8 "碰撞传感器"对话框各选项的含义

序号	选项	含义
1	选择对象	选择需要定义碰撞传感器的几何对象
2	碰撞形状	设置碰撞范围的形状：方块、球、直线、圆柱
3	形状属性	"自动"：默认的形状属性，自动计算碰撞形状 "用户自定义"：用户自定义形状参数
4	指定点	碰撞形状的几何中心
5	指定坐标系	指定碰撞形状的坐标系
6	类别	碰撞体之间是否发生碰撞取决于类别的设定：只有设定了同样类别的碰撞体才会发生碰撞，碰撞传感器也一样。（类别0代表与所有类别的碰撞体都会发生碰撞）
7	碰撞时高亮显示	可勾选或取消碰撞时高亮显示
8	名称	为碰撞传感器命名

3. 实战演练

见本节中"任务实施"部分。

（六）对象源

1. 对象源的概念

对象源（Object Source），是在特定时间或某条件达成时创建一个外表、属性相同的对象，通常用来模拟不断产生相同对象的物料流系统。

2. 打开"对象源"对话框

如图1-1-18所示，打开"对象源"对话框。

图1-1-18 打开"对象源"对话框

"对象源"对话框中各个选项的含义见表1-1-9。

表 1-1-9　"对象源"对话框各选项含义

序号	选项	含义
1	选择对象	选择需要设置对象源的对象
2	触发	①基于时间：在指定的时间间隔复制出一个对象； ②每次激活时一次：在触发激活信号时，复制一次对象
3	时间间隔	选中触发为"基于时间"时设置，表示复制对象的时间间隔
4	起始偏置	选中触发为"基于时间"时设置，表示开始多长时间第一次复制
5	名称	定义"对象源"的名称

3. 实战演练

见本节中"任务实施"部分。

（七）球副

1. 球副的概念

球副（Ball Joint）具有三个旋转自由度，分别是两个杆件的自由度和杆件连接球状关节的一个自由度，组成球副的两构件能绕一球心做三个独立的相对转动。

2. 打开"球副"对话框

如图 1-1-19 所示，打开"球副"对话框。

图 1-1-19　"球副"对话框

"球副"对话框中各个选项的含义见表 1-1-10。

表 1-1-10　"球副"对话框中各选项含义

序号	选项	含义
1	选择连接件	选择需要添加"球副"约束的刚体
2	选择基本件	选择与连接件连接的另一刚体
3	指定锚点	指定旋转的锚点
4	名称	定义球副的名称

3. 实战演练

①进入"球副"练习 MCD 环境。用 NX 打开源文件（文件夹"拓展知识"→"球副"→"球副"），并进入 MCD 环境，如图 1-1-20 所示。

②将大球及其杆件、小球及其杆件分别定义刚体。

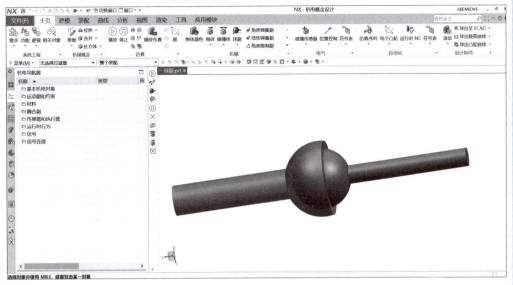

图 1-1-20　进入"球副"练习 MCD 环境

③定义大球与大地之间为固定副。

④创建球副。在"球副"对话框中，进行如图 1-1-21 所示操作。

图 1-1-21　创建"球副"

⑤仿真运行。单击仿真"播放"按钮，可发现"小球及其连杆"可绕着"锚点"转动。

三、位置控制

位置控制（Position Control）是执行器的一种，其他执行器在后面的章节中介绍。

1. 位置控制的概念

位置控制添加在运动副上，用来控制运动几何体的目标位置，运动对象按照设定的速度运动到指定位置后停下来。位置控制的参数可以是速度、加速度、加加速度、力矩或者扭矩。

2. 打开"位置控制"对话框

打开"位置控制"对话框，如图 1-1-22 所示。

图 1-1-22　打开"位置控制"对话框

"位置控制"对话框中各选项的含义见表 1-1-11。

表 1-1-11　"位置控制"对话框各选项的含义

序号	选项	含义
1	选择对象	选择需要添加位置控制的运动副
2	目标	设置目标位置
3	速度	指定一个恒定的速度值
4	限制加速度	勾选后可设置"最大加速度"和"最大减速度"
5	限制力	勾选后可设置限制的"正向力"和"反向力"
6	名称	定义位置控制的名称

3. 实战演练

见本节中"任务实施"部分。

四、信号

1. MCD 中信号的概念

在 MCD 中，信号（Signal）命令的作用是将信号连接到 MCD 对象，可以是布尔型、整型和双精度型的信号，用于 MCD 的运动控制与外部的信息交互。

2. 打开"信号"对话框

打开"信号"对话框，如图 1-1-23 所示。

图 1-1-23 打开"信号"对话框

"信号"对话框中各选项的含义见表 1-1-12。

表 1-1-12 "信号"对话框各选项的含义

序号	选项	含义
1	连接运行时参数	勾选表示信号与 MCD 对象直接关联，取消勾选表示信号不与任何 MCD 对象有直接关联
2	选择机电对象	勾选"连接运行时参数"复选框后可以选择机电对象
3	IO 类型	输入信号是指从外部输入 MCD 模型中的信号，输出信号是指从 MCD 模型输出到外部设备的信号
4	数据类型	有布尔型、整型、双精度型三种类型
5	初始值	在初始状态下的值
6	名称	定义信号的名称

3. 实战演练

见本节中"任务实施"部分。

五、仿真序列

1. 仿真序列的概念

仿真序列是 NX MCD 中的控制元素，几乎可以控制 MCD 中的所有对象，而我们通常使用仿真序列来控制执行机构、运动副等的运行时参数，仿真序列还可以创建条件语句来确定何时触发。

MCD 中的仿真序列可以实现的功能有：

①基于时间改变 MCD 对象在仿真过程中的参数值。

②基于事件（条件）改变 MCD 对象在仿真过程中的参数值。

③在指定的时间点暂停仿真。

④在指定的条件下暂停仿真。

⑤进行简单的数学运算。

本书中主要使用第②个功能。

2. 打开"仿真序列"对话框

打开"仿真序列"对话框，如图 1-1-24 所示。

图 1-1-24　打开"仿真序列"对话框

"仿真序列"对话框中部分选项的含义见表 1-1-13。

表 1-1-13　"仿真序列"对话框中部分选项的含义

序号	选项	含义
1	选择对象	选择需要修改参数的对象，如滑动副、位置控制、速度控制等
2	时间	设置该仿真序列的持续时间
3	运行时参数	列出所选对象的所有可修改参数值，通过勾选来确定需要利用仿真序列控制修改的参数
4	条件	选择条件对象，以该对象的一个或多个参数创建条件表达式，用以控制仿真序列是否执行
5	名称	定义仿真序列的名称

3. 实战演练

见本节中"任务实施"部分。

任务实施

一、定义滑仓装置基本机电对象与运动副

1. 进入滑仓装置 MCD 环境

用 NX 打开源文件（文件夹"1-1 滑仓装置"中的"滑仓装置模型"），并进入 MCD 环境，如图 1-1-25 所示。

进入滑仓装置
MCD 环境

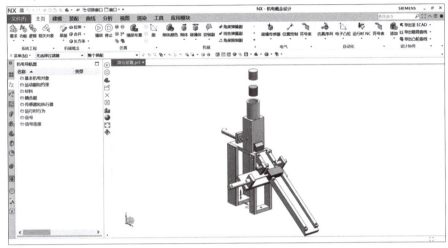

图 1-1-25　滑仓装置 MCD 环境

2. 定义刚体

（1）定义刚体——物料筒

打开"刚体"对话框，单击"选择对象"选项，然后在视图窗口中选中"物料筒"几何对象，"质量属性"为自动，在对话框最下方"名称"文本框中输入刚体的名称"物料筒"，最后单击"确定"按钮，如图 1-1-26 所示。

定义刚体

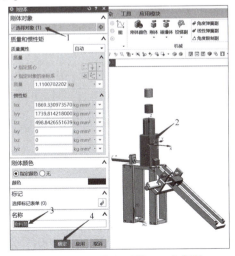

图 1-1-26　定义刚体——物料筒

（2）仿真运行

当创建完刚体属性后，该几何体就具有了重力属性，单击工具栏上的播放按钮⊙播放（停止播放时单击停止按钮◎停止），该刚体就会在重力的作用下落下，由于该刚体不具备碰撞属性，因此会穿过所有几何体，如图 1-1-27 所示。

图 1-1-27　仿真运行——刚体

重力加速度的方向默认为-Z 轴方向，单击"文件→首选项→机电概念设计"选项进行更改，如图 1-1-28 所示。

图 1-1-28　更改重力加速度方向

（3）定义滑仓装置其他实体刚体属性

在定义刚体时，被遮挡的几何体很难被选中，此时可将部分实体隐藏，如气缸活塞杆部分、物料筒内的物料等，隐藏的步骤如图 1-1-29 所示，若需要将隐藏的实体显示出来，可按照图 1-1-30 所示步骤操作。

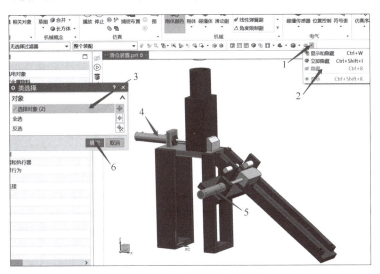

图 1-1-29　隐藏气缸壁步骤

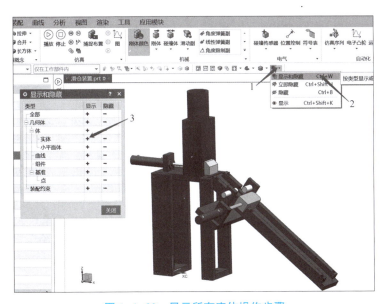

图 1-1-30　显示所有实体操作步骤

将滑仓装置中的几何体定义刚体属性（传感器除外），需要定义刚体属性的几何体有：非金属物料（物料筒内）、金属物料（物料筒内）、固定架、气缸 1 活塞杆（包括与活塞杆固连的所有结构）、气缸 2 活塞杆（包括与活塞杆固连的所有结构）、物料筒，如图 1-1-31 所示（颜色相同为同一刚体）。仿真运行后只有两个"添加物料"模型（物料筒上部）以及传感器保持静止状态，如图 1-1-32 所示。

图 1-1-31　滑仓装置定义刚体属性

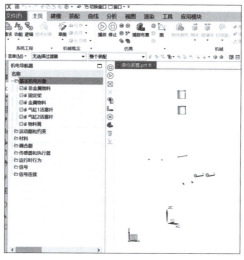

图 1-1-32　仿真运行

定义固定副

3. 定义固定副

（1）定义固定架与大地之间为固定副

在"固定副"对话框中选择连接件（固定架），再选择基本件，基本件默认（不选择）为大地，修改固定副的名称，最后单击"确定"按钮即可完成固定架与大地之间的固定副定义，如图 1-1-33 所示。

图 1-1-33　定义固定架与大地之间为固定副

（2）仿真运行

单击仿真"播放"按钮，定义了固定架与大地之间的固定副后，不会自由落体，而其他刚体自由落下，如图1-1-34所示。

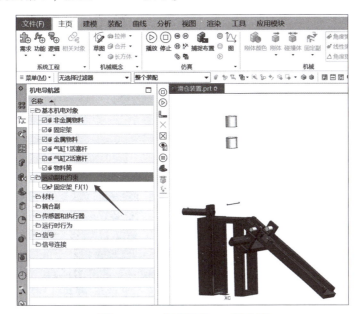

图1-1-34　仿真运行——固定副

按照上述方法，将此滑仓装置中的物料筒也创建固定副，并仿真运行，如图1-1-35所示。

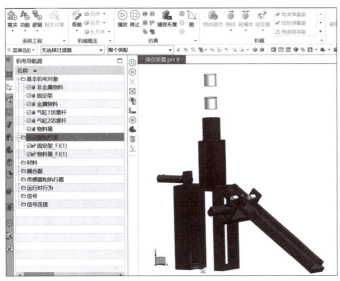

图1-1-35　定义滑仓装置固定副

4. 定义滑动副

在滑仓装置中，两个气缸的活塞杆与气缸壁之间只允许相对滑动

定义滑动副

运动，需要定义为滑动副。

（1）定义气缸 1 活塞杆与大地之间为滑动副

定义气缸 1 活塞杆滑动副的步骤为：打开"滑动副"对话框→选择连接件"气缸 1 活塞杆"→选择轴矢量方向（"面/平面法向"方式）→设置偏置为"0"→设置上限为"40"→设置下限为"0"→修改名称→单击"确定"按钮，如图 1-1-36 所示（为了方便选中活塞杆，将气缸壁隐藏）。

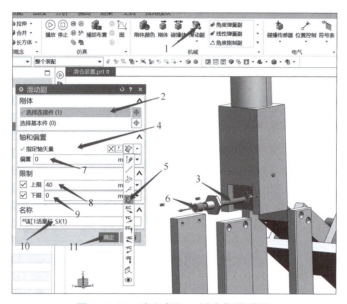

图 1-1-36　定义气缸 1 活塞杆滑动副

（2）仿真运行

单击仿真"播放"按钮，定义了滑动副后，气缸 1 的活塞杆不会自由落体，用鼠标拖动气缸 1 活塞杆，其会在所限制的范围内滑动，如图 1-1-37 所示。

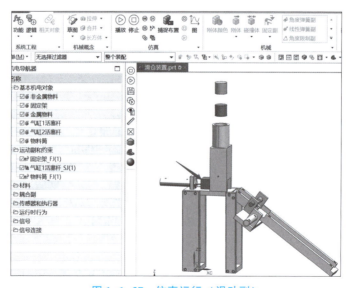

图 1-1-37　仿真运行（滑动副）

按照上述方法，完成气缸 2 的滑动副定义，并仿真运行，如图 1-1-38 所示。

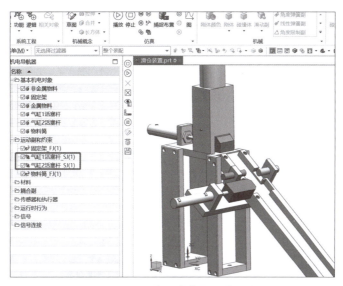

图 1-1-38　完成滑仓装置滑动副定义

5. 定义碰撞体

（1）定义金属物料为碰撞体

将物料筒及非金属物料隐藏，单击工具栏中的"碰撞体"命令，打开"碰撞体"对话框，选择"碰撞形状"为"圆柱"，然后鼠标左键选取金属物料的侧面及上表面，定义金属物料碰撞体属性。图 1-1-39 所示为操作步骤。

定义碰撞体

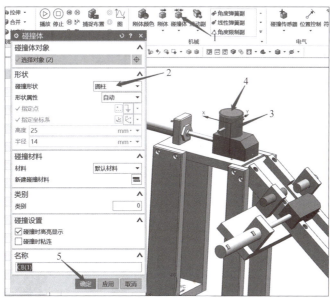

图 1-1-39　定义金属物料碰撞体属性

（2）定义滑仓装置其他刚体为碰撞体

在滑仓装置中，需要产生碰撞的接触面均需要定义碰撞体属性，分别有：金属物料（物料筒内，碰撞形状"圆柱"）、非金属物料（物料筒内，碰撞形状"圆柱"）、物料筒内壁（碰撞形状"网格面"）、推料滑块外表面（碰撞形状"网格面"）、固定架上表面（碰撞形状"方块"）、滑道及其侧边（碰撞形状"网格面"）、挡料滑块表面（碰撞形状"网格面"）、气缸1的活塞（碰撞形状"圆柱"）、气缸2的活塞（碰撞形状"圆柱"）。选择合适的碰撞形状完成以上刚体的碰撞体属性定义，如图1-1-40所示。

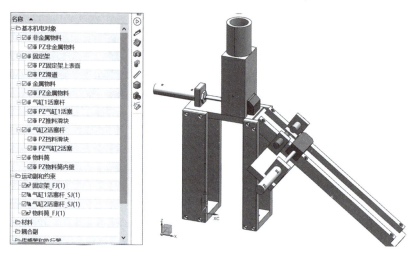

图1-1-40　滑仓装置定义完成碰撞体属性

（3）仿真运行

单击仿真"播放"按钮，可发现定义了碰撞体后，刚体之间不会相互穿过，发生碰撞的两个碰撞体高亮显示（可在碰撞设置处取消高亮显示），鼠标左键拖动气缸1活塞杆使其缩回后伸出，发现物料被推出后沿着滑道滑至挡料滑块上，如图1-1-41所示。

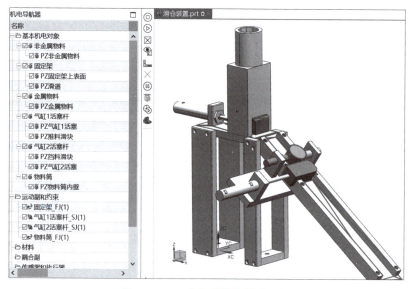

图1-1-41　定义碰撞体仿真运行

6. 定义碰撞传感器

在滑仓装置的概念设计与虚拟调试时，可利用碰撞传感器来收集位置信号（如料筒内的物料监控），然后将信号传送至外部的 PLC 控制器。在滑仓装置中，需要定义的传感器有：料筒物料检测、气缸 1 伸出到位检测、气缸 1 缩回到位检测、气缸 2 伸出到位检测、气缸 2 缩回到位检测、电感式接近开关以及电容式接近开关，如图 1-1-42 所示。

定义碰撞传感器

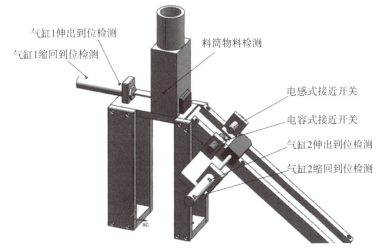

图 1-1-42　滑仓装置中的传感器

（1）定义"料筒物料检测"传感器

操作步骤为：打开"碰撞传感器"对话框，单击"选择对象"→选择"碰撞形状"为直线→选中"料筒物料检测传感器"几何体→形状属性"自动"→类别"0"→勾选碰撞时高亮显示→修改名称→单击"确定"按钮，如图 1-1-43 所示。

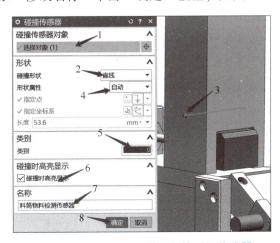

图 1-1-43　定义"料筒物料检测"传感器

（2）定义气缸伸出/缩回到位检测传感器

将气缸壁隐藏，在"碰撞传感器"对话框中选择对象为"气缸 1 缩回到位检测"，如图 1-1-44 所示，操作步骤依次为：单击"选择对象"→选择"碰撞形状"为直线→选中"气缸 1 缩回到位"几何体→形状属性先选择"自动"，然后改成"用户定义"→单击"指定点"选项→选择图中所示的中点位置→单击"指定坐标系"选项→调整坐标角度，使传感器形状为图中状态→修改长度为"10 mm"→"类别"为"0"→修改名称→单击"应用"按钮（"应用"表示继续使用该命令，生成此碰撞传感器后弹出一个新的"碰撞传感器"对话框）。按照以上步骤，继续完成"气缸 1 伸出到位传感器""气缸 2 缩回到位传感器"和"气缸 2 伸出到位传感器"的定义。

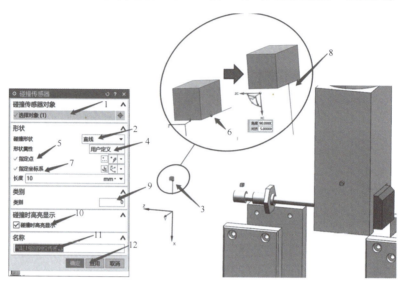

图 1-1-44 定义"气缸 1 缩回到位传感器"

（3）定义电容式接近开关与电感式接近开关

操作步骤为：打开"碰撞传感器"对话框，单击"选择对象"→选择"碰撞形状"为直线→选中"电容式接近开关"几何体→形状属性先选择"自动"，然后再改成"用户定义"→修改长度为 60 mm→"类别"为 0→修改名称→单击"确定"按钮，如图 1-1-45 所示。

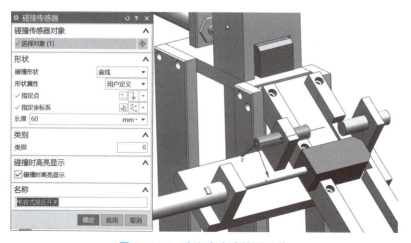

图 1-1-45 定义电容式接近开关

电容式接近开关无论是金属物料还是非金属物料靠近时均会动作，而电感式接近开关只有在金属物料接近时才会动作，结合这两种传感器的特点，即可区分金属物料与非金属物料。在定义"电感式接近开关"传感器时，类别处需与非金属的类别区别开，因此，需要对非金属物料的碰撞体类型进行修改（鼠标左键双击需要修改的属性），本案例将碰撞体"非金属物料"的类别改为"1"，"电感式接近开关"的类别设为"2"，如图1-1-46、图1-1-47所示。

图1-1-46　修改碰撞体属性

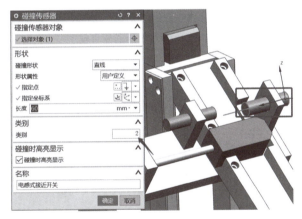

图1-1-47　定义电感式接近开关

（4）仿真运行

选择定义好的全部传感器（复选时需按住"Ctrl"键），单击鼠标右键，再单击"添加到察看器"选项，如图1-1-48所示。也可在仿真播放后，双击需要察看的传感器。

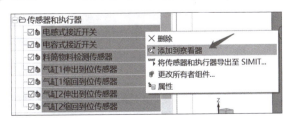

图1-1-48　将传感器添加到察看器

在资源条选项中选中"运行时察看器"，就可以看到各传感器的活动及触发状态，如图1-1-49所示。

图1-1-49　察看传感器信号状态

单击仿真"播放"按钮，拖动气缸活塞杆，察看各传感器是否工作正常。如图1-1-50所示，"气缸1伸出到位传感器""气缸2伸出到位传感器""料筒物料检测传感器"被触发为"true"，其他传感器值为"false"。

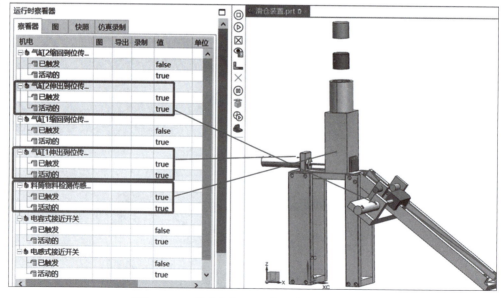

图1-1-50　仿真运行——察看传感器工作状态

（5）修改碰撞传感器属性

用鼠标左键拖动气缸，使其推出物料检查其他传感器是否工作正常，若发现无法正常碰撞，则应调整相应传感器的"形状属性"，直到正常触碰。"气缸1缩回到位传感器"在仿真时发现无法触发，其原因为所建的模型传感器位置超出了气缸的行程。鼠标左键双击碰撞传感器"气缸1缩回到位传感器"，对该传感器的"形状属性"进行修改后，则能正常触发，如图1-1-51所示。

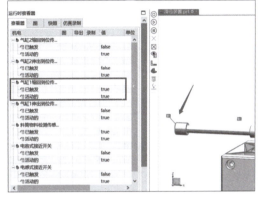

图1-1-51　修改传感器属性

7. 创建对象源

（1）操作过程

在滑仓装置中，用"对象源"模拟在特定条件下产生的"金属物料"及"非金属物料"。具体操作为：先将"物料筒"隐藏，以便于选择其中的物料。在工具栏中单击"对象源"命令，弹出"对象源"对话框，选择对象为"非金属物料"，选择触发条件为"基于时间"，设置时间间隔为"5 s"，起始偏置为"0 s"，修改名称后单击"确定"按钮，如图1-1-52所示。以同样的方式创建"金属物料"的对象源属性，设置时间间隔为"5 s"，起始偏置为"2 s"。

创建对象源

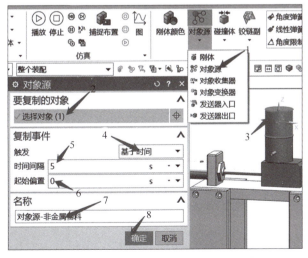

图1-1-52　创建"非金属物料"对象源

（2）仿真运行

单击仿真"播放"按钮，可看到物料筒（隐藏）内的"金属物料"与"非金属物料"按照所设置的时间间隔产生。用鼠标左键拖动气缸1的活塞杆，可将物料推出，沿滑道滑至"挡料滑块位置"，如图1-1-53所示。

图1-1-53　仿真运行——对象源

二、创建位置控制

1. 操作过程

在滑仓装置的概念设计中，利用位置控制来控制气缸活塞杆的伸出与缩回。气缸1创建位置控制的具体操作步骤为：单击工具栏中的"位置控制"命令→选择对象为"滑动副（气缸1活塞杆）"→设置目标为"0"→设置运动速度为"50 mm/s"→修改名称后单击"确定"按钮，如图1-1-54所示。按照相同的方法创建气缸2的位置控制。

创建位置控制

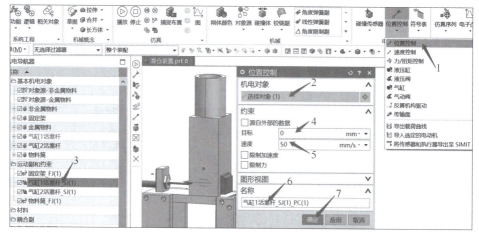

图1-1-54　创建位置控制（气缸1活塞杆）

2. 仿真运行

将两个创建好的位置控制添加到运行时察看器（图1-1-55），在察看器中查看位置控制的相关属性。单击仿真"播放"按钮，修改察看器中的参数，可观察到模型中的相应气缸产生动作。例如，将气缸1的"定位"修改为"40 mm"，可观察到"气缸1"活塞杆缩回；将气缸2的"定位"修改为"40 mm"，可观察到"气缸2"活塞杆缩回，如图1-1-56所示。

图 1-1-55 添加"位置控制"到察看器

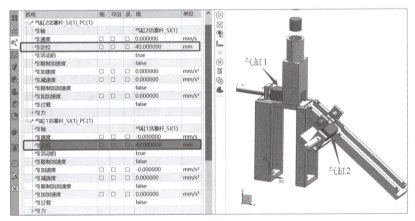

图 1-1-56 "位置控制"仿真运行

三、创建信号

在 MCD 中，信号分为输入和输出两种类型，输入信号是指从外部输入 MCD 模型中的信号，输出信号是指从 MCD 模型输出到外部设备的信号。

创建信号

1. 实施过程

滑仓装置中，MCD 的输入信号有 4 个，分别为：气缸 1 伸出、气缸 1 缩回、气缸 2 伸出、气缸 2 缩回；输出信号有 7 个，分别为：4 个磁性开关、电感式接近开关、电容式接近开关、光纤传感器。位置如图 1-1-57 所示。

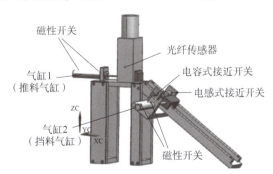

图 1-1-57 滑仓装置中的输入/输出信号位置

（1）创建 MCD 输入信号

打开工具栏中的"信号"命令，弹出"信号"对话框，操作过程依次为：不勾选"连接运行时参数"复选框→选择 IO 类型为"输入"→数据类型为"布尔型"→初始值为"False"→修改名称为"气缸 1 伸出信号"（信号名称不能重复）→单击"确定"按钮，如图 1-1-58 所示。此时会弹出"符号表选择"对话框（"符号表"用于创建或导入用于信号命名的符号），单击"取消"按钮，如图 1-1-59 所示。这样就完成了一个输入信号的创建，用相同的办法创建其他三个输入信号，创建结果如图 1-1-60 所示。

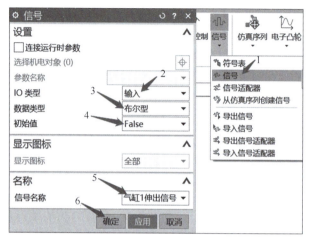

图 1-1-58　创建气缸 1 伸出信号

图 1-1-59　"符号表选择"对话框

图 1-1-60　创建完成 4 个输入信号

（2）创建 MCD 输出信号

单击工具栏中的"信号"命令，弹出"信号"对话框。本案例中 MCD 的输出信号为各类传感器，以磁性开关信号为例，操作过程依次为：勾选"连接运行时参数"复选框→选择机电对象为"气缸 1 伸出到位传感器"→IO 类型为"输出"→数据类型为"布尔型"→初始值为"False"→修改名称为"气缸 1 伸出到位信号"→单击"确定"按钮，如图 1-1-61 所示。

用相同的方法创建其他 6 个 MCD 输出信号，创建完成后如图 1-1-62 所示。

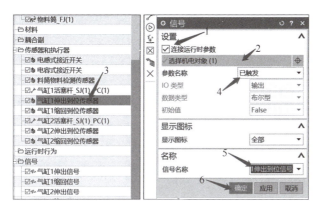

图 1-1-61　创建 MCD 模型输出信号　　　　图 1-1-62　创建完成 7 个输出信号

四、创建仿真序列

1. 实施过程——创建"气缸动作"仿真序列

创建仿真序列

滑仓装置的虚拟仿真用到基于事件的仿真。以气缸 1 缩回动作为例，其逻辑关系为："气缸 1 缩回信号"为"true"时，"气缸 1 缩回"。

操作过程为：打开"仿真序列"对话框→选择对象为"位置控制-气缸 1 活塞杆_SJ（1）_PC（1）"→选择运行时参数"定位"，修改定位值为"40 mm"→选择条件对象为"气缸 1 缩回信号"→设置该条件信号的值为"＝＝true"→修改名称为"XL-气缸 1 缩回"→单击"确定"按钮，如图 1-1-63 所示。

图 1-1-63　创建"气缸 1 缩回"仿真序列

按照上述步骤，依次创建其他气缸动作的仿真序列，如图 1-1-64 所示。

图 1-1-64　创建其他"气缸动作"的仿真序列

2. 实施过程——创建"对象源"仿真序列

在滑仓装置仿真过程中，希望实现按照需求添加"金属物料"或"非金属物料"，本案例中需实现的功能为：当料筒无物料时，自动添加一个"金属物料"。由于案例中暂不使用非金属物料，所以将"对象源-非金属物料"复选框勾选去掉，双击"基本机电对象"中的"对象源-金属物料"复选框，修改"复制事件"为"每次激活时一次"，如图 1-1-65 所示。

图 1-1-65　修改物料源选项

创建"金属物料"仿真序列过程为：打开"仿真序列"对话框→选择对象为"对象源-金属物料"→设置运行时参数为"==true"→选择条件对象为"料筒物料检测传感器"→修改触发条件参数"==false"→修改名称为"XL-对象源金属物料"→单击"确定"按钮，如图 1-1-66 所示。

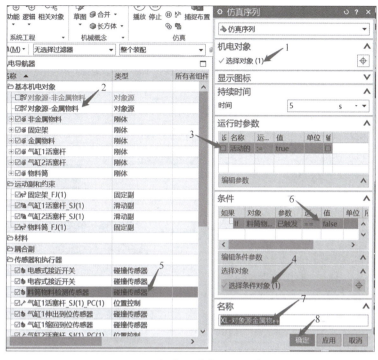

图 1-1-66　创建"对象源"仿真序列

　　创建完成后，可单击"序列编辑器"查看所创建的仿真序列，也可在此选择需要修改的仿真序列进行编辑、删除等操作，如图 1-1-67 所示。

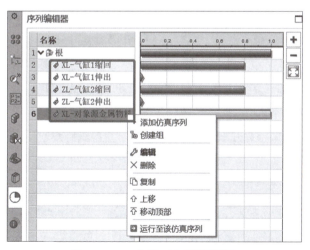

图 1-1-67　查看"序列编辑器"

3. 仿真运行

　　隐藏物料筒，将"气缸 1 缩回信号、气缸 1 伸出信号、气缸 2 缩回信号、气缸 2 伸出信号"添加到察看器，单击仿真"播放"按钮，可观察到以下现象：

　　①鼠标左键双击"气缸 1 缩回信号"的值，使其值为"true"，可观察到气缸 1 缩回，如图 1-1-68 所示。

②鼠标左键双击"气缸 1 缩回信号"的值,使其值为"false",改变"气缸 1 伸出信号"的值为"true",可观察到气缸 1 伸出,如图 1-1-69 所示。

③当物料筒中无物料时,会自动产生一个金属物料。

④鼠标左键双击"气缸 2 缩回信号"的值,使其值为"true",可观察到气缸 2 缩回,如图 1-1-70 所示。

⑤鼠标左键双击"气缸 2 缩回信号"的值,使其值为"false",改变"气缸 2 伸出信号"的值为"true",可观察到气缸 2 伸出,如图 1-1-71 所示。

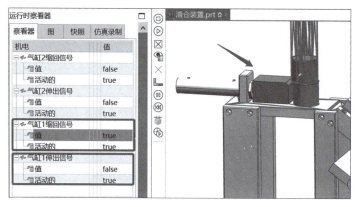

图 1-1-68　仿真演示①

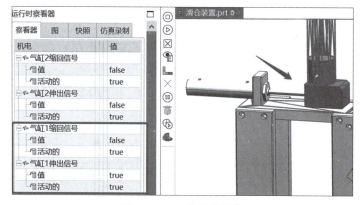

图 1-1-69　仿真演示②

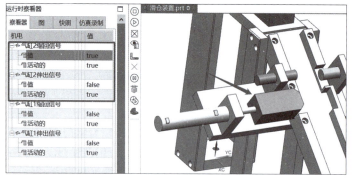

图 1-1-70　仿真演示③

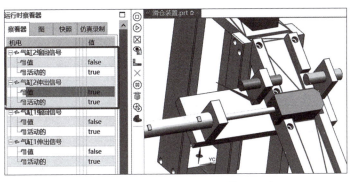

图 1-1-71　仿真演示④

任务验收

将创建的所有信号添加至"运行时察看器"，然后单击仿真"播放"按钮，通过信号控制气缸 1 和气缸 2 的伸出与缩回，同时观察各信号的状态，填写任务验收单1-1。

任务验收

任务验收单 1-1

步骤	验收操作	验收功能	自查结果	教师验收	配分	得分
①	单击仿真"播放"按钮	"料筒物料检测信号""气缸2伸出到位信号""气缸1伸出到位信号"三个信号值为"true"，其他信号值为"false"			8	
②	修改"气缸1缩回信号"的值为"true"，"气缸1伸出信号"的值为"false"	气缸1顺利缩回			4	
		料筒内的物料顺利落下			4	
		"料筒物料检测信号"值为"true"			4	
		"气缸1缩回到位信号"值为"true"			4	
		"气缸1伸出到位信号"值为"false"			4	
③	修改"气缸1缩回信号"的值为"false"，"气缸1伸出信号"的值为"true"	气缸1顺利伸出			4	
		金属物料被推出至挡料滑块处			4	
		"气缸1伸出到位信号"值为"true"			4	
		"气缸1缩回到位信号"值为"false"			4	
		"电容式接近开关信号"值为"true"			4	
		"电感式接近开关信号"值为"true"			4	
④	修改"气缸2缩回信号"的值为"true"，"气缸2伸出信号"的值为"false"	气缸2顺利缩回			4	
		金属物料顺利通过			4	
		"电容式接近开关信号"值为"false"			4	
		"电感式接近开关信号"值为"false"			4	
		"气缸2缩回到位信号"值为"true"			4	
		"气缸2伸出到位信号"值为"false"			4	
⑤	修改"气缸2缩回信号"的值为"false"，"气缸2伸出信号"的值为"true"	气缸2顺利伸出			4	
		"气缸2伸出到位信号"值为"true"			4	
		"气缸2缩回到位信号"值为"false"			4	
⑥	勾选"对象源–非金属物料"1s后取消勾选，并依次重复操作步骤②③④⑤②③	功能正常			4	
		"电容式接近开关信号"值为"true"			4	
		"电感式接近开关信号"值为"false"			4	
合计					100	
学生签字：			教师签字：			

任务 2 按钮盒及警示灯概念设计

如图 1-2-1 所示为按钮盒、三色警示灯的模型，请完成按钮盒、三色警示灯的概念设计：

①建立急停按钮、自复位按钮、旋钮开关的概念设计模型，与真实元件的操作方式一致。

②建立按钮灯、指示灯、警示灯的概念设计模型，能正确模拟显示各种颜色。

③创建 MCD 的输出信号（各类型的按钮信号），操作按钮动作时，信号输出正确。

④创建 MCD 的输入信号（各类型的灯），模拟信号输入时，相应的"灯"能正确显示。

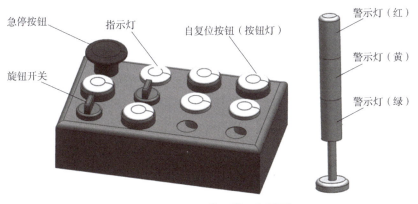

图 1-2-1 按钮盒及警示灯模型

学习目标

1. 知识目标

①理解柱面副、弹簧副、铰链副、显示更改器、信号适配器的概念，并掌握其创建方法。

②掌握急停按钮、自复位按钮、旋钮开关、灯类元件的机电概念设计操作步骤。

2. 技能目标

完成按钮盒及警示灯的机电概念设计。

3. 素养目标

以任务为驱动，培养目标意识、创新意识，提高实践能力。

知识链接

一、基本机电对象与运动副（2）

（一）柱面副

1. 柱面副的概念

柱面副（Cylindrical Joint）是在两个刚体之间创建的一种运动副，允许有两个自由度：一个沿轴线平移的自由度和一个沿轴线旋转的自由度。定义柱面副后的两个刚体，能够按照所定义的矢量轴做平移或旋转运动。

2. 打开"柱面副"对话框

单击工具栏中的"柱面副"命令，弹出"柱面副"对话框，如图1-2-2所示。

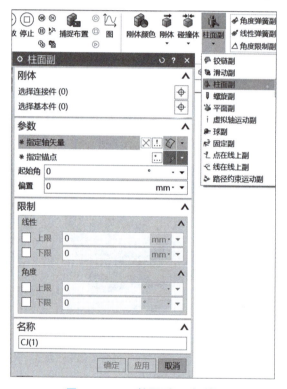

图1-2-2 "柱面副"对话框

"柱面副"对话框中部分选项的含义见表1-2-1。

表1-2-1 "柱面副"对话框中部分选项的含义

序号	选项	含义
1	选择连接件	选择需要被柱面副约束的刚体
2	选择基本件	选择连接件所依附的刚体。如果此项为空，则表示连接件和大地形成柱面副

学习笔记

序号	选项	含义
3	指定轴矢量	指定线性运动的方向。可选择自动判断、两点、平面法向等方式指定
4	指定锚点	指定旋转运动的锚点
5	起始角	模拟仿真开始时，连接件相对于基本件的起始角度
6	偏置	模拟仿真开始时，连接件相对于基本件的线性位置
7	限制	"线性"上限、下限指线性运动的范围；"角度"上限、下限指旋转运动的范围
8	名称	定义此柱面副的名称

3. 实战演练

见本节中"任务实施"部分。

（二）弹簧副

1. 弹簧副的概念

弹簧副（Spring Joint）分为角度弹簧副（Angular Spring Joint）和线性弹簧副（Linear Spring Joint），两种弹簧副均是在两个对象之间施加弹簧性质力的运动副。

2. 打开"角度弹簧副"对话框

定义角度弹簧副的两个对象之间角度发生变化时，两个对象之间的关节会产生扭矩。单击工具栏中的"角度弹簧副"命令，弹出"角度弹簧副"对话框，如图1-2-3所示。

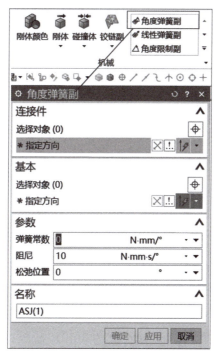

图1-2-3　"角度弹簧副"对话框

"角度弹簧副"对话框中各选项的含义见表1-2-2。

表1-2-2 "角度弹簧副"对话框各选项的含义

序号	选项	含义
1	连接件	指定连接件的对象；指定相对于连接件的方向
2	基本	指定基本件的对象；指定相对于基本件的方向
3	参数（弹簧常数）	设置弹簧副的弹簧常数
4	参数（阻尼）	设置弹簧副的阻尼参数
5	参数（松弛位置）	设置弹簧扭矩为零时的角度值，即松弛状态的角度（角度：指连接件指定方向与基本件指定方向之间的角度）
6	名称	定义角度弹簧副的名称

3. 打开"线性弹簧副"对话框

定义线性弹簧副的两个对象之间的距离发生变化时，所产生的线性弹簧力也会随之变化。单击工具栏中的"线性弹簧副"命令，弹出"线性弹簧副"对话框，如图1-2-4所示。

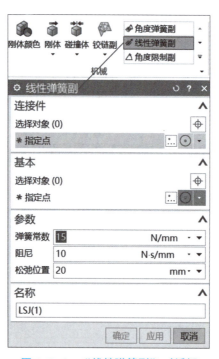

图1-2-4 "线性弹簧副"对话框

"线性弹簧副"对话框中各选项的含义见表1-2-3。

表 1-2-3　"线性弹簧副" 对话框各选项的含义

序号	选项	含义
1	连接件	指定连接件的对象；指定相对于连接件的参考点
2	基本	指定基本件的对象；指定相对于基本件的参考点
3	参数（弹簧常数）	设置弹簧副的弹簧常数
4	参数（阻尼）	设置弹簧副的阻尼参数
5	参数（松弛位置）	设置弹簧力为零时两参考点之间的距离
6	名称	定义线性弹簧副的名称

4. 实战演练

见本节中"任务实施"部分。

（三）铰链副

1. 铰链副的概念

铰链副（Hinge Joint）命令能在两个刚体之间建立一个关节，允许两个刚体沿某一轴线做相对转动，不允许在两个刚体之间做平移运动。

2. 打开"铰链副"对话框

在工具栏中单击"铰链副"命令，弹出"铰链副"对话框，如图 1-2-5 所示。

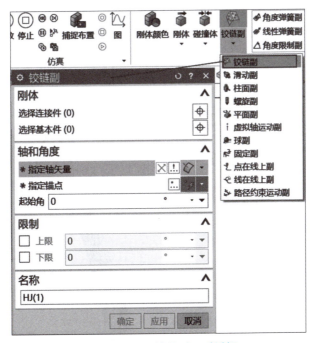

图 1-2-5　"铰链副"对话框

"铰链副"对话框中各选项的含义见表 1-2-4。

表 1-2-4   "铰链副"对话框中各选项的含义

序号	选项	含义
1	选择连接件	选择需要添加铰链约束的刚体
2	选择基本件	选择与连接件之间形成铰链副的刚体,若此项为空,表示连接件与大地之间形成铰链副
3	指定轴矢量	指定旋转轴
4	指定锚点	指定旋转轴锚点
5	起始角	在仿真开始时的初始角度
6	上限	设置一个限制旋转运动的上限值,可以设置一个转动多圈的上限值
7	下限	设置一个限制旋转运动的下限值,可以设置一个转动多圈的下限值
8	名称	定义铰链副的名称

铰链副的方向判断:伸出右手自然握拳,拇指与其余四指垂直,拇指指向轴矢量方向,其余四指的旋向为正方向,反之为负。

3. 实战演练

见本节中"任务实施"部分。

(四)弹簧阻尼器

1. 弹簧阻尼器的概念

弹簧阻尼器(Spring Damper)可以在轴运动副中创建一个柔性单元,并且能够在运动中施加力或者扭矩。

2. 实战演练

①进入"弹簧阻尼器"练习的 MCD 环境。用 NX 打开源文件(文件夹"拓展知识"→"弹簧阻尼器"→"弹簧阻尼器"),并进入 MCD 环境,如图 1-2-6 所示。

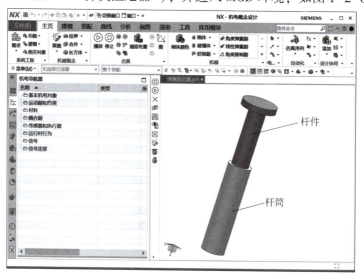

图 1-2-6   进入"弹簧阻尼器"练习 MCD 环境

②将杆件、杆筒分别定义刚体。

③定义杆筒与大地之间为固定副。

④定义杆件与杆筒之间为滑动副。

⑤创建弹簧阻尼器。如图 1-2-7 所示，为滑动副创建弹簧阻尼器。

图 1-2-7 创建"弹簧阻尼器"

3. 仿真运行

单击仿真"播放"按钮，可发现"杆件"与"杆筒"之间存在弹性连接，用鼠标拖动杆件，能使其压下，松开后即恢复。弹簧阻尼器可用于按钮、开关和弹簧机构等的概念设计。

二、信号适配器

1. 信号适配器的概念

信号适配器（Signal Adapter）能通过对数据的判断或者处理，为 MCD 提供新的信号，以支持对运动或者行为的控制，也可以将信号适配器看作一种生成信号的形成逻辑组织管理方式，能够将所创建的信号通过逻辑或计算的方式连接到 MCD 对象。

信号适配器可以包含一组信号，往往用来把一组相关的信号集中放入一个信号适配器。需要注意的是，同一个信号适配器中信号名称不得重复。

2. 打开"信号适配器"对话框

单击工具栏中的"信号适配器"命令，弹出"信号适配器"对话框，如图 1-2-8 所示。"信号适配器"对话框中部分选项的含义见表 1-2-5。

表 1-2-5 "信号适配器"对话框中部分选项的含义

序号	选项	含义
1	参数	添加待连接的 MCD 对象，通过"选择机电对象"→"选择参数名称"→"添加参数"来实现
2	信号	在信号栏中添加与外部设备通信的信号，信号的属性包括：名称、数据类型、输入/输出、初始值、量纲、单位、附注
3	公式	勾选信号或参数的"指派为"复选框后，在公式选项输入参数与信号之间的公式关系
4	名称	定义信号适配器的名称

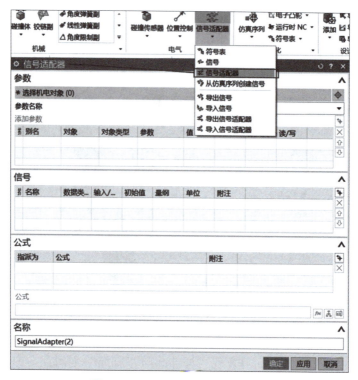

图 1-2-8   "信号适配器"对话框

3. 实战演练

见本节中"任务实施"部分。

三、显示更改器

1. 显示更改器的概念

显示更改器（Display Changer）可用于更改对象的显示状态、显示特征以及颜色属性等。显示更改器若选择碰撞传感器，将修改触发该碰撞传感器的对象的显示特征；若选择对象为刚体或几何体，可以修改该对象的显示特征。

2. 打开"显示更改器"对话框

单击工具栏中的"显示更改器"命令，弹出"显示更改器"工具栏，如图 1-2-9 所示。

"显示更改器"对话框中各选项的含义见表 1-2-6。

表 1-2-6   "显示更改器"对话框中各选项的含义

序号	选项	含义
1	选择对象	选择需定义碰撞传感器的对象
2	执行模式	①选择对象为刚体或几何体时，此项不选择； ②选择对象为碰撞传感器时，可选择以下方式： 无：碰撞传感器被触发后不执行； 始终：碰撞传感器被触发后立即执行； 一次：碰撞传感器被触发后只执行一次，执行完后变为模式"无"

序号	选项	含义
3	颜色	设置修改后的显示颜色
4	半透明	设置修改后的透明度
5	可见性	设置是否可见
6	名称	定义该"显示更改器"的名称

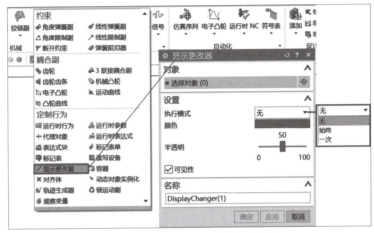

图 1-2-9 "显示更改器"对话框

3. 实战演练

见本节中"任务实施"部分。

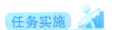

用 NX 打开源文件（文件夹"1-2 按钮盒、三色警示灯"中的"装配模型"），并进入 MCD 环境，如图 1-2-10 所示。

进入 MCD 环境

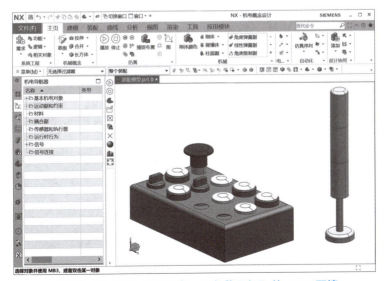

图 1-2-10 进入"按钮盒、三色警示灯"的 MCD 环境

一、急停按钮概念设计

在本案例中，使用了传统的蘑菇头"急停"按钮，要求能实现按下急停按钮后设备立即停止（信号为"false"），并保持被按下的状态。顺时针方向旋转一定角度后松开，释放此按钮，急停复位（信号为"true"）。

（一）定义基本机电对象及运动副

1. 定义刚体

如图 1-2-11 所示，将按钮盒的盒体及"急停"按钮定义为刚体。

定义刚体

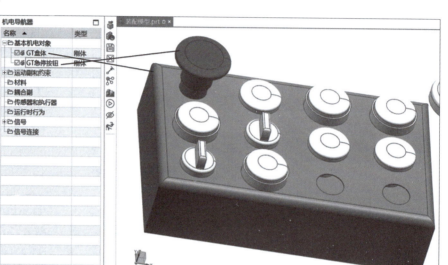

图 1-2-11　定义刚体

2. 定义固定副

定义盒体为固定副，如图 1-2-12 所示。

定义固定副

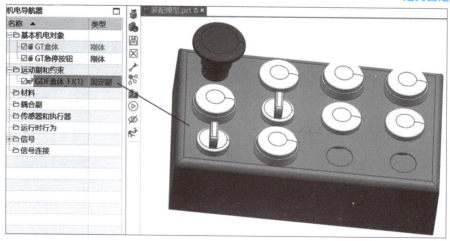

图 1-2-12　定义盒体为固定副

3. 定义柱面副

（1）操作过程

打开"柱面副"对话框，在弹出的"柱面副"对话框中依次进行如下操作：选择连接件为"GT 急停按钮"→选择基本件为"GT 盒体"→指定矢量轴为"垂直盒体上表面向上"→指定锚点为"急停按钮圆截面的圆心"→设定起始角为"1°"（为提高仿真的可靠性，不设置为"0°"）→设定偏置为"0 mm"→设置限制选项→修改名称→单击"确定"按钮，如图 1-2-13 所示。

定义柱面副

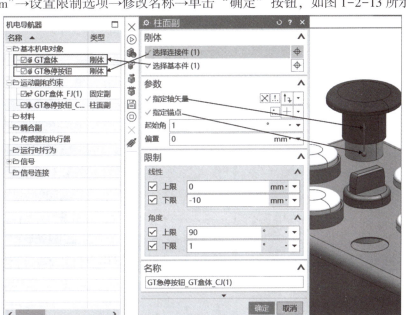

图 1-2-13　定义柱面副——"急停"按钮

（2）仿真运行

单击仿真"播放"按钮，使用鼠标左键可拖动"急停"按钮在一定范围内做线性运动及旋转运动，如图 1-2-14 所示。

图 1-2-14　仿真运行-定义柱面副

4. 定义弹簧副

（1）操作过程——角度弹簧副

本案例中，用角度弹簧副仿真"急停"按钮旋转方向的复位动作。

定义弹簧副

打开"角度弹簧副"对话框→选择连接件对象为"GT急停按钮"→连接件指定方向为"急停按钮上表面的半径方向（两点法）"→选择基本件为"GT盒体"→基本件指定方向与连接件指定方向一致→设置弹簧常数→设置阻尼→设置松弛位置→定义名称→单击"确定"按钮。具体参数如图1-2-15所示。

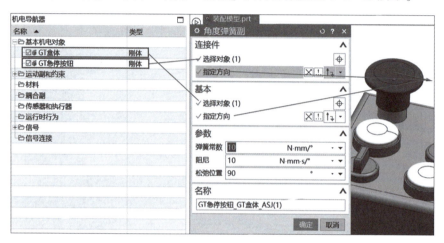

图1-2-15 定义角度弹簧副

（2）操作过程——线性弹簧副

在本案例中，用线性弹簧副仿真"急停"按钮线性方向的复位动作。

具体操作过程为：选择连接件对象为"GT急停按钮"→选择连接件指定点（按钮下边缘圆心）→选择基本件为"GT盒体"→选择基本件指定点（圆孔的圆心）→设置弹簧常数→设置阻尼→设置松弛位置→定义名称→单击"确定"按钮。具体操作及参数如图1-2-16所示。

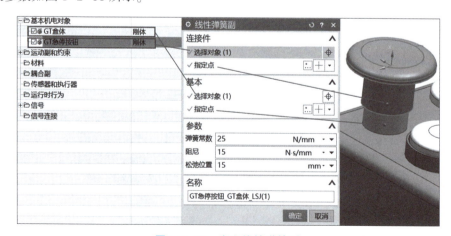

图1-2-16 定义线性弹簧副

（3）仿真运行

单击仿真"播放"按钮，"急停"按钮在角度弹簧副的作用下，处于逆时针旋转90°的方向，用鼠标左键沿顺时针方向可拖动，松开后自动复位；"急停"按钮在线性弹簧副的作用下处于最上端，用鼠标左键向下可拖动"急停"按钮，松开后自动复位，如图1-2-17所示。

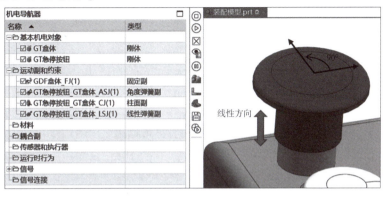

图1-2-17　弹簧副仿真运行

（二）创建位置控制及仿真序列

1. 创建位置控制

操作过程为：打开位置控制"对话框"→选择对象为柱面副"GT急停按钮_GT盒体_CJ（1）"→选择轴类型为"线性"→设置目标"-10 mm"→速度为"20 mm/s"→修改名称→单击"确定"按钮，如图1-2-18所示。

创建位置控制
及仿真序列

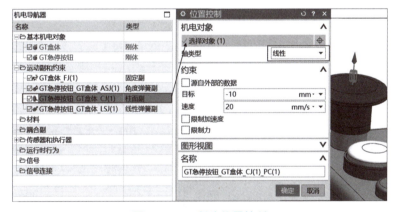

图1-2-18　创建位置控制

创建好的位置控制其仿真初始值应为"false"，需要将其"勾选"去除，如图1-2-19所示。

图1-2-19　去除位置控制的"勾选"

2. 创建仿真序列

为了模拟急停按钮的操作，创建两条仿真序列：

① "XL1-急停按钮"的逻辑关系：柱面副"GT 急停按钮_GT 盒体_CJ（1）"角度参数的值>45°，且柱面副"GT 急停按钮_GT 盒体_CJ（1）"定位参数的值<-8 mm时，位置控制"GT 急停按钮_GT 盒体_CJ（1）_PC（1）"被激活（图1-2-20，图1-2-21，图1-2-22）。

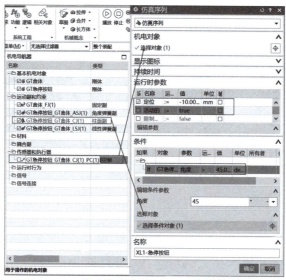

图1-2-20 创建仿真序列"XL1-急停按钮"（1）

图1-2-21 创建仿真序列"XL1-急停按钮"（2）

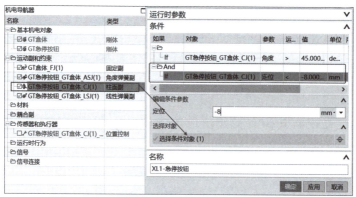

图1-2-22 创建仿真序列"XL1-急停按钮"（3）

② "XL2-急停按钮"的逻辑关系：柱面副"GT急停按钮_GT盒体_CJ（1）"角度参数的值<45°时，位置控制"GT急停按钮_GT盒体_CJ（1）_PC（1）"被取消激活（图1-2-23）。

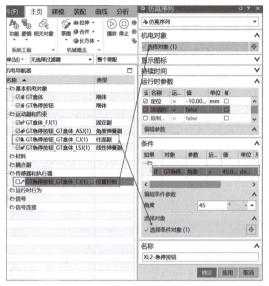

图1-2-23　创建"XL2-急停按钮"仿真序列

3. 仿真运行

单击仿真"播放"按钮，用鼠标左键向下拖动"急停"按钮，可观察到"急停"按钮被按下后保持下压状态，如图1-2-24所示；用鼠标左键拖动"急停"按钮使其顺时针旋转90°，可观察到"急停"按钮被松开，如图1-2-25所示。

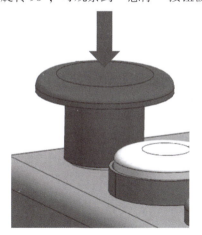
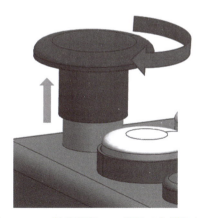

图1-2-24　仿真运行——按下"急停"按钮　　图1-2-25　仿真运行——松开"急停"按钮

（三）创建信号适配器

1. 操作过程——使用信号适配器创建急停信号

本案例中，"急停"按钮的功能为：

①按下"急停"按钮，MCD输出急停信号为"false"。

创建信号适配器

②松开"急停"按钮，MCD输出急停信号为"true"。

具体操作过程为（图1-2-26）：

①选择机电对象为柱面副"GT急停按钮_GT盒体_CJ（1）"。

②选择参数名称为"定位"。

③单击"添加参数"按钮，此时可观察到该参数被添加，可修改别名为"急停按钮定位"，在参数栏目右侧可对参数进行删除、上移、下移操作。

④单击"添加信号"按钮，修改信号名称为"急停信号"，数据类型为"布尔型"，设置为"输出"，初始值为"false"，在右侧可对信号进行删除、上移、下移操作。

⑤勾选"急停信号"的"指派为"选项框，可在公式处看到急停信号，单击该信号，在公式处输入表达式"If（急停按钮定位>-3）Then（true）Else（false）"（公式前不能有空格，英文字母及括号需在"英文"模式下输入，也可通过条件构建器完成），然后按下"Enter"键。

⑥修改名称后单击"确定"按钮。

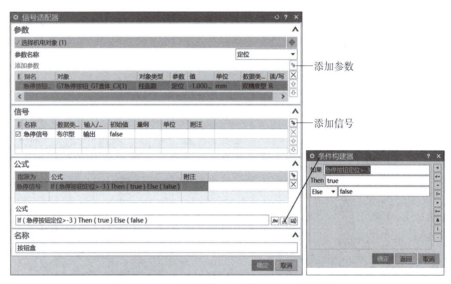

图1-2-26　使用信号适配器创建"急停信号"

2. 仿真运行

将信号适配器"按钮盒"添加到察看器，然后单击仿真"播放"按钮，可观察到：

①"急停"按钮松开时，"急停信号"的值为"true"，如图1-2-27所示。

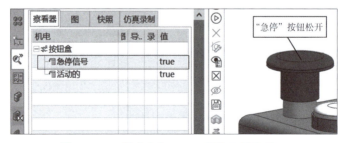

图1-2-27　仿真运行——"急停"按钮松开

② "急停" 按钮按下时，"急停信号" 的值为 "false"，如图 1-2-28 所示。

图 1-2-28 仿真运行——"急停" 按钮按下

二、自复位按钮概念设计

在本案例中，按钮盒上的自复位按钮有 4 个，功能分别为：
①复位。
②启动。
③气缸 1 手动缩回。
④气缸 1 手动伸出。
在按钮盒中分布的位置如图 1-2-29 所示。

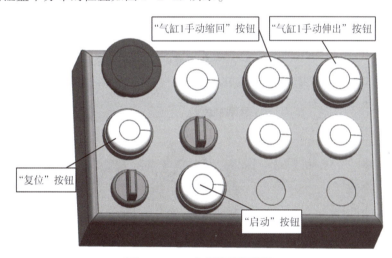

图 1-2-29 自复位按钮位置

(一) 定义基本机电对象及运动副

1. 定义刚体

如图 1-2-30 所示，将所有自复位按钮分别定义为刚体。

2. 定义滑动副

如图 1-2-31 所示，将 "复位" 按钮与盒体之间定义为滑动副，并设置上限、下限值。

按照上述方法完成另外三个滑动副的定义，如图 1-2-32 所示。

定义基本机电对象及运动副

图 1-2-30　定义自复位按钮刚体属性

图 1-2-31　定义滑动副——"复位"按钮

图 1-2-32　完成自复位按钮的滑动副定义

3. 定义线性弹簧副

为了仿真按钮的自复位效果，在"复位"按钮与盒体间定义线性弹簧副，如图 1-2-33 所示。

按照上述方法完成另外三个线性弹簧副的定义，如图 1-2-34 所示。

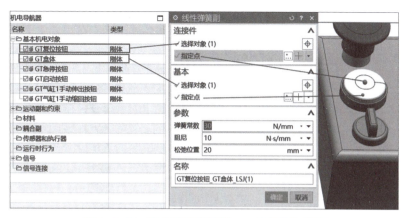

图 1-2-33 定义线性弹簧副——"复位"按钮

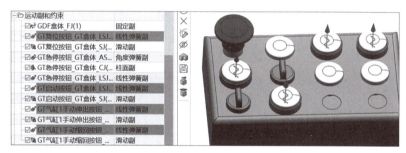

图 1-2-34 定义线性弹簧副——自复位按钮

(二) 创建自复位按钮信号

创建自复位
按钮信号

鼠标左键双击已创建好的信号适配器"按钮盒",在弹出的对话框中创建好 4 个按钮信号,如图 1-2-35 所示。

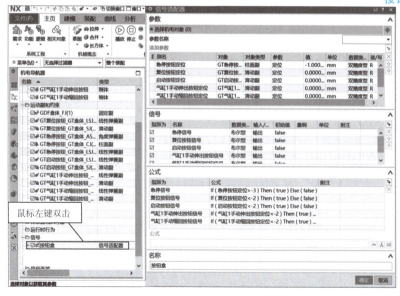

图 1-2-35 创建信号——自复位按钮

三、指示灯概念设计

在本案例中，指示灯信号共有 10 个，其命名及位置如图 1-2-36 所示。

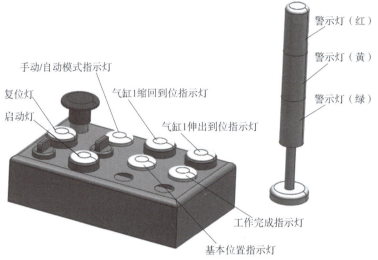

图 1-2-36　指示灯信号

（一）定义显示更改器

操作过程：

在本案例中，使用显示更改器命令完成指示灯、按钮灯、警示灯的仿真。单击工具栏中的"显示更改器"命令，弹出"显示更改器"工具栏，以"复位灯"为例，其操作过程为：选择对象为刚体"GT 复位按钮"→勾选"可见性"复选框→修改名称→单击"确定"按钮，如图 1-2-37 所示。

定义显示更改器

图 1-2-37　定义显示更改器

按照以上方式定义所有灯为显示更改器（若无法选择实体，需修改选择过滤器为"实体"），结果如图 1-2-38 所示。

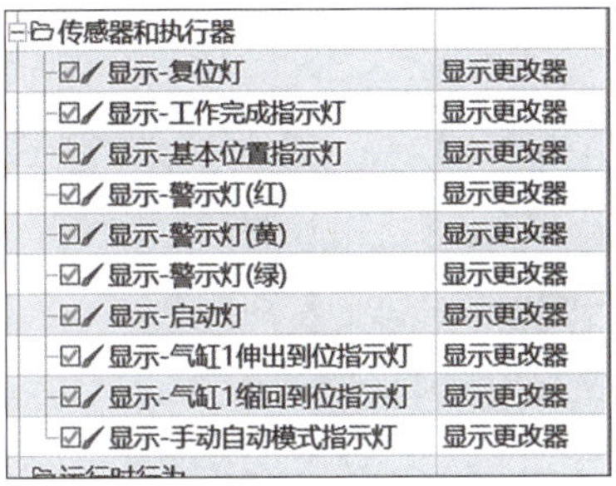

图 1-2-38 完成显示更改器的定义

创建指示灯信号
及仿真序列

（二）创建指示灯信号及仿真序列

1. 创建信号

在本案例中，灯的亮与灭是由外界信号控制的，需要创建 10 个输入信号，以"复位灯信号"为例（图 1-2-39），将 10 个输入信号创建完成后如图 1-2-40 所示。

图 1-2-39 创建复位灯信号

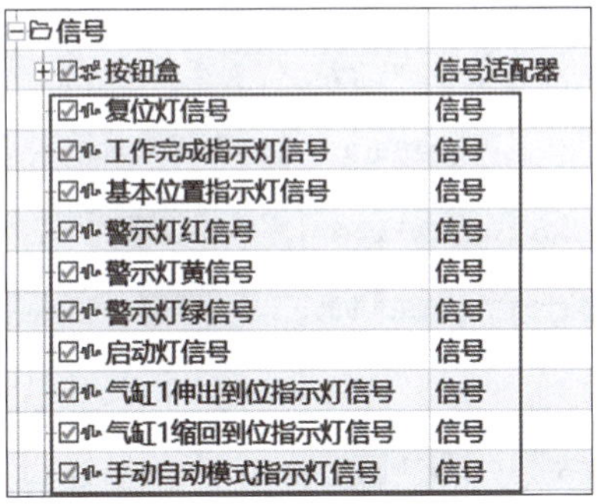

图 1-2-40 创建完成输入信号（灯）

2. 创建仿真序列

创建仿真序列，以"复位灯"为例，其逻辑为：

仿真序列 1（XL-复位灯 T）："复位灯信号"的值为"true"时，则显示更改器"显示-复位灯"运行时参数为：执行模式值为"Always"或"Once"，颜色为绿色

（参数值"108"）（图1-2-41）。

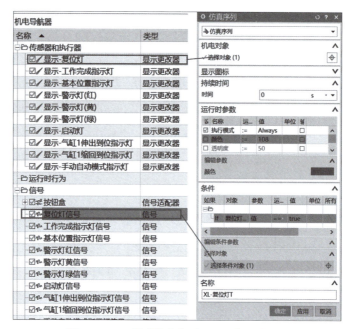

图1-2-41 创建仿真序列"XL-复位灯 T"

仿真序列2（XL-复位灯 F）："复位灯信号"的值为"false"时，则显示更改器"显示-复位灯"运行时参数为：执行模式值为"Always"或"Once"，颜色为灰色（参数值"87"）（图1-2-42）。

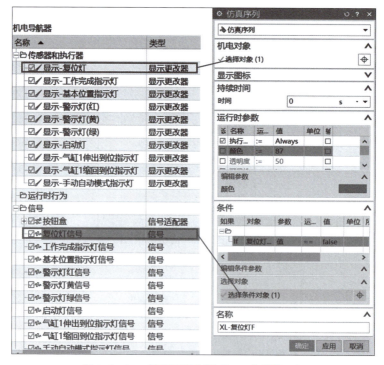

图1-2-42 创建仿真序列"XL-复位灯 F"

完成所有指示灯仿真序列的创建，如图 1-2-43 所示。

	启	名称	开始	持续
1	☑	▼🗁根	0	0…
2	☑	🔧 XL1-急停按钮	0	0…
3	☑	🔧 XL2-急停按钮	0	0…
4	☑	🔧 XL-复位灯T	0	0
5	☑	🔧 XL-复位灯F	0	0
6	☑	🔧 XL-工作完成指示灯T	0	0
7	☑	🔧 XL-工作完成指示灯F	0	0
8	☑	🔧 XL-基本位置指示灯T	0	0
9	☑	🔧 XL-基本位置指示灯F	0	0
10	☑	🔧 XL-警示灯红T	0	0
11	☑	🔧 XL-警示灯红F	0	0
12	☑	🔧 XL-警示灯黄T	0	0
13	☑	🔧 XL-警示灯黄F	0	0
14	☑	🔧 XL-警示灯绿T	0	0
15	☑	🔧 XL-警示灯绿F	0	0
16	☑	🔧 XL-启动灯T	0	0
17	☑	🔧 XL-启动灯F	0	0
18	☑	🔧 XL-气缸1伸出到位指示灯T	0	0
19	☑	🔧 XL-气缸1伸出到位指示灯F	0	0
20	☑	🔧 XL-气缸1缩回到位指示灯T	0	0
21	☑	🔧 XL-气缸1缩回到位指示灯F	0	0
22	☑	🔧 XL-手动自动模式指示灯T	0	0
23	☑	🔧 XL-手动自动模式指示灯F	0	0

图 1-2-43　创建完成灯的仿真序列

3. 仿真运行

将所有指示灯信号添加至察看器，单击仿真"播放"按钮，可观察到：

①将所有灯信号值修改为"true"，所有灯按照设定的颜色显示，如图 1-2-44 所示。

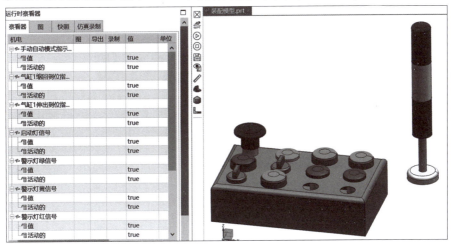

图 1-2-44　仿真运行——信号为"true"

②将所有灯信号值修改为"false"，所有灯显示为灰色，如图 1-2-45 所示。

四、旋钮开关概念设计

本案例所使用的为二位式旋钮开关，能够控制按钮信号的通与断并保持。如图 1-2-46 所示，在按钮盒中使用了两个旋钮开关，作用分别为：控制器开/关、手动/自动模式选择。

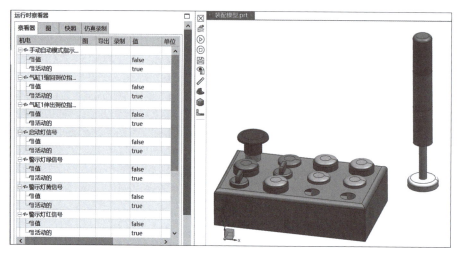

图 1-2-45　仿真运行——信号为"false"

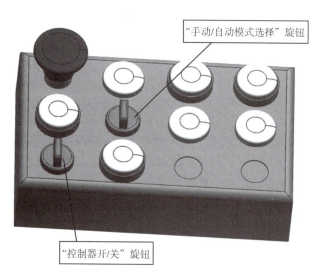

"手动/自动模式选择"旋钮

"控制器开/关"旋钮

图 1-2-46　旋钮开关在按钮盒中的位置

定义铰链副

定义刚体

（一）定义基本机电对象及运动副

1. 定义刚体

如图 1-2-47 所示，将所有旋钮开关分别定义为刚体。

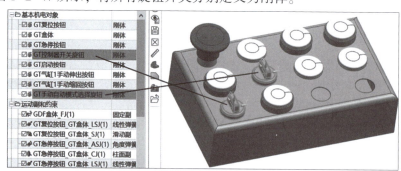

图 1-2-47　定义旋钮开关刚体属性

2. 定义铰链副

（1）操作过程

如图 1-2-48 所示，定义"控制器开/关旋钮"铰链副属性的操作为：打开"铰链副"对话框→选择连接件为"GT 控制器开关旋钮"→选择基本件为"GT 盒体"→指定轴矢量为"垂直旋钮上表面"→指定锚点为"旋钮开关圆截面的圆心"→起始角"-1°"→上限为"-1°"→下限为"-90°"→定义名称→单击"确定"按钮。

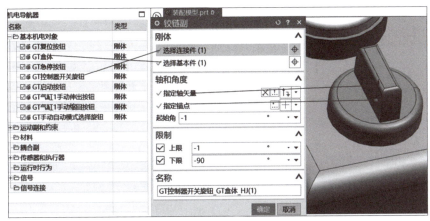

图 1-2-48　定义"控制器开/关旋钮"铰链副属性

以相同的方法完成"手动/自动模式选择旋钮"的铰链副属性定义。

（2）仿真运行

单击仿真"播放"按钮，定义了铰链副后，旋钮开关不会自由落体，用鼠标拖动旋钮开关，其会在所限制的范围内转动，但缺少阻尼，无法稳定在合适位置。

3. 定义角度弹簧副

在旋钮开关定义完铰链副后，需定义合适的"角度弹簧副"来增加转动时的阻尼，如图 1-2-49 所示。

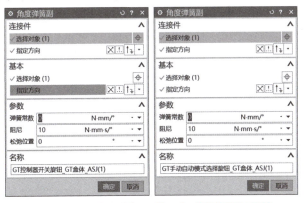

图 1-2-49　定义旋钮开关"角度弹簧副"属性

定义角度弹簧副

创建旋钮开关信号

（二）创建旋钮开关信号

在信号适配器"按钮盒"中创建旋钮开关信号，创建过程如图 1-2-50 所示。

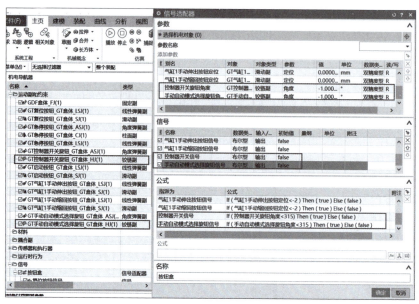

图 1-2-50　创建旋钮开关信号

　　将创建的所有信号添加至"运行时察看器"，然后单击仿真"播放"按钮，观察 MCD 模型的变化以及信号的状态，按照验收操作进行验收，填写任务验收单 1-2。

任务验收单 1-2

步骤	验收操作	验收功能	自查结果	教师验收	配分	得分
①	单击仿真"播放"按钮	"急停"按钮、旋钮,自复位按钮、旋钮均处于常态			7	
		所有灯状态显示灰色(灭)			7	
		"急停"按钮信号为"true"			2	
		其他信号均为"false"			2	
②	鼠标左键按下"急停"按钮	"急停"按钮按下后保持			2	
		"急停"按钮信号的值变为"false"			2	
		其他信号的值为"false"			1	
③	鼠标左键拖动"急停"按钮使其顺时针旋转90°	"急停"按钮顺时针旋转的同时复位			2	
		"急停"按钮信号变为"true"			2	
		其他信号的值为"false"			1	
④	鼠标左键拖动按下"复位"按钮1 s后松开	该按钮被顺利按下,并且该按钮信号的值变为"true"			2	
		松开鼠标后顺利复位,并且该按钮信号的值变为"false"			2	
		操作过程中其他信号值不变			1	
⑤	鼠标左键拖动按下"启动"按钮1 s后松开	该按钮被顺利按下,并且该按钮信号的值变为"true"			2	
		松开鼠标后该按钮顺利复位,并且该按钮信号的值变为"false"			2	
		操作过程中其他信号值不变			1	
⑥	鼠标左键拖动按下"气缸1手动缩回"按钮1 s后松开	该按钮被顺利按下,并且该按钮信号的值变为"true"			2	
		松开鼠标后该按钮顺利复位,并且该按钮信号的值变为"false"			2	
		操作过程中其他信号值不变			1	
⑦	鼠标左键拖动按下"气缸1手动伸出"按钮1 s后松开	该按钮被顺利按下,并且该按钮信号的值变为"true"			2	
		松开鼠标后该按钮顺利复位,并且该按钮信号的值变为"false"			2	
		操作过程中其他信号值不变			1	
⑧	鼠标左键拖动"控制器开/关"旋钮顺时针旋转90°后松开	旋钮被顺利旋转并保持,并且此旋钮信号的值变为"true"			2	
		操作过程中其他信号值不变			1	

步骤	验收操作	验收功能	自查结果	教师验收	配分	得分
⑨	鼠标左键拖动"控制器开/关"旋钮逆时针旋转90°后松开	旋钮被顺利旋转并保持，并且此旋钮信号的值变为"false"			2	
		操作过程中其他信号值不变			1	
⑩	鼠标左键拖动"手动/自动模式选择"旋钮顺时针旋转90°后松开	旋钮被顺利旋转并保持，并且此旋钮信号的值变为"true"			2	
		操作过程中其他信号值不变			1	
⑪	鼠标左键拖动"手动/自动模式选择"旋钮逆时针旋转90°后松开	旋钮被顺利旋转并保持，并且此旋钮信号的值变为"false"			2	
		操作过程中其他信号值不变			1	
⑫	依次将所有灯信号的值修改为"true"	复位灯亮			2	
		启动灯亮			2	
		手动/自动模式指示灯亮			2	
		气缸1缩回到位指示灯亮			2	
		气缸1伸出到位指示灯亮			2	
		基本位置指示灯亮			2	
		工作完成指示灯亮			2	
		警示灯亮"绿灯"			2	
		警示灯亮"黄灯"			2	
		警示灯亮"红灯"			2	
⑬	依次将所有灯信号的值修改为"false"	复位灯由亮转灭			2	
		启动灯由亮转灭			2	
		手动/自动模式指示灯由亮转灭			2	
		气缸1缩回到位指示灯由亮转灭			2	
		气缸1伸出到位指示灯由亮转灭			2	
		基本位置指示灯由亮转灭			2	
		工作完成指示灯由亮转灭			2	
		警示灯绿灯由亮转灭			2	
		警示灯黄灯由亮转灭			2	
		警示灯红灯由亮转灭			2	
合计					100	
学生签字：			教师签字：			

任务 3　滑仓系统软件在环虚拟调试

任务描述

在任务 1、任务 2 中已完成滑仓系统的 MCD 模型设计，请继续完成 MCD 与 PLC 之间的信号映射，实现 NX MCD 与 PLC 之间的虚拟调试。

学习目标

1. 知识目标

①了解虚拟调试技术。

②懂得 MCD 与 PLC 之间的信号映射方法。

③掌握 MCD-PLC 软件在环虚拟调试的操作步骤。

2. 技能目标

①掌握 TIA Portal 软件的基本操作。

②完成滑仓系统的软件在环虚拟调试，提高新技术的应用能力。

3. 素养目标

了解技术发展方向，培养探究学习、持续学习意识。

知识链接

一、认识虚拟调试技术

虚拟调试支持并行的设计和数字化样机调试，在虚拟环境中实现产线的设计和数字化调试，从而降低创新设计风险，缩短产线调试周期和产品上市时间，有助于管理好产品设计过程信息和各阶段的需求驱动设计。机电一体化概念设计（NX MCD）中的虚拟调试包含硬件在环虚拟调试和软件在环虚拟调试两类。

1. 硬件在环虚拟调试

硬件在环虚拟调试是指控制部分用真实的可编程逻辑控制器（PLC），机械部分使用虚拟的数字孪生体模型，在"虚实结合"的闭环反馈回路中进行程序编辑与验证。

2. 软件在环虚拟调试

软件在环虚拟调试是指控制部分与机械部分均采用虚拟仿真软件，完全在虚拟条件下完成程序的编辑和仿真验证。

软件在环虚拟调试所需的软硬件资源如下：

①TIA+S7-PLCSIM Advanced 软件（SOFTBUS）。

②TIA+S7-PLCSIM Advanced 软件（OPCUA）。

③TIA+S7-PLCSIM+NetToPLCsim+KEPServerEX（OPCDA）。

本书介绍使用 TIA+S7-PLCSIM Advanced 软件（SOFTBUS）进行软件在环虚拟调试，使用 TIA+PLC1500 硬件（OPC UA）实现硬件在环虚拟调试。所使用的软件为 NX 1872、TIA Portal V15.1、S7-PLCSIM Advanced V2.0 SP1，请读者自行安装当前版本或更高版本进行学习。

二、传感器

除了碰撞传感器外，在 MCD 中还可创建距离传感器、位置传感器、通用传感器、限位开关以及继电器。

1. 距离传感器

（1）距离传感器的感念

距离传感器（Distance Sensor）是用来检测对象与传感器之间距离的传感器。

（2）实战演练

①进入"距离传感器"练习的 MCD 环境。用 NX 打开源文件（文件夹"拓展知识"→"传感器"→"距离传感器"），并进入 MCD 环境，如图 1-3-1 所示。

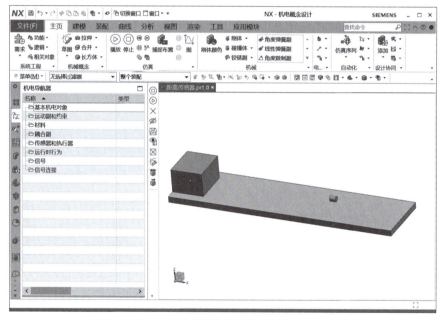

图 1-3-1 进入"距离传感器"练习的 MCD 环境

②定义箱子为刚体、碰撞体（碰撞类型"1"）；定义传输面（碰撞类型"0"）；定义碰撞传感器为刚体，并创建其与大地为固定副，如图 1-3-2 所示。

③创建距离传感器。如图 1-3-3 所示，创建距离传感器（类别为"1"），当箱子进入距离传感器 0~100 mm 的范围时，传感器被触发，并实时监测箱子与传感器之间的距离。

④仿真运行。单击仿真"播放"按钮，箱子随传输面向距离传感器运动。添加距离传感器到运行时察看器，可发现箱子在进入距离传感器 0~100 mm 范围内时，传感器被触发为"true"，同时可以从"值"中实时看到箱子与传感器之间的距离，如

图 1-3-4 所示。

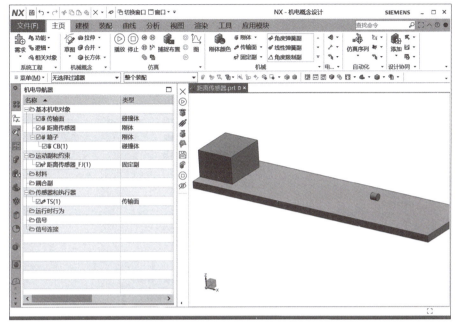

图 1-3-2　创建距离传感器（1）

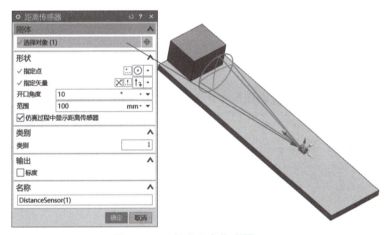

图 1-3-3　创建距离传感器（2）

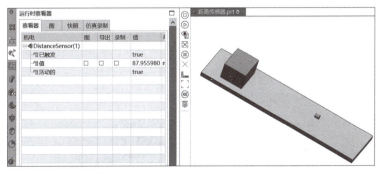

图 1-3-4　仿真运行——距离传感器

2. 位置传感器

（1）位置传感器的感念

位置传感器（Position Sensor）是用来检测运动副位置数据的传感器。

（2）实战演练

①进入"位置传感器"练习的 MCD 环境。用 NX 打开源文件（文件夹"拓展知识"→"传感器"→"位置传感器"），并进入 MCD 环境，如图 1-3-5 所示。

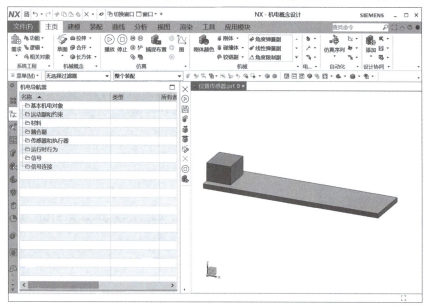

图 1-3-5 进入"位置传感器"练习的 MCD 环境

②定义箱子为刚体，并创建其与大地为滑动副，如图 1-3-6 所示。

图 1-3-6 创建滑动副

③创建位置传感器。如图 1-3-7 所示，创建位置传感器。

图 1-3-7 创建位置传感器

④仿真运行。单击仿真"播放"按钮，添加位置传感器到运行时察看器，拖动箱子运动，可实时观察到箱子的滑动位置数据，如图1-3-8所示。

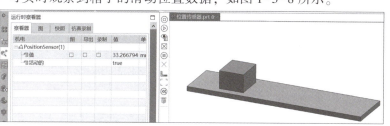

图1-3-8　仿真运行——位置传感器

3. 通用传感器

通用传感器（Generic Sensor）可检测对象的质心、线性速度及角速度等。其创建方式与位置传感器的创建相似。

4. 限位开关

限位开关（Limit Switch）可检测对象的位置、力、扭矩、速度和加速度等是否在设定的范围内。若在范围内，输出"false"；若超出范围，则输出为"true"。其创建方式与位置传感器的创建相似。

5. 继电器

继电器（Relay）设有上限位和下限位：当初始状态为false，并且设定的对象属性值由小变大超出上限位时，状态由false变为true；当初始状态为true，设定值由大变小超出下限位时，状态由true变为false。其创建方式与位置传感器的创建相似。

任务实施

在NX中打开源文件（文件夹"1-3滑仓系统虚拟调试"中的"装配模型"），并进入MCD环境，如图1-3-9所示。

打开 MCD 源文件

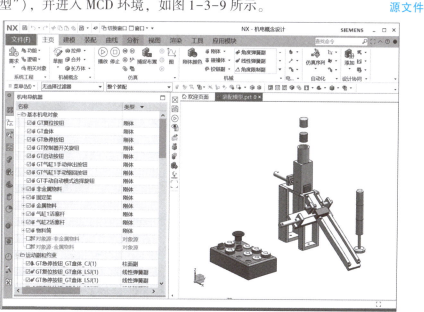

图1-3-9　进入"滑仓系统虚拟调试"MCD环境

一、创建"添加物料"仿真序列

滑仓系统虚拟调试时，需要仿真手动添加物料，可利用仿真序列实现该功能，操作步骤为：

①在序列编辑器中将原有仿真序列"XL-对象源金属物料"删除，如图 1-3-10 所示。

创建"添加物料"
仿真序列

	启	名称	开始	持续
1	☑	▼ 🗂 根	0	1…
2	☑	▼ ⚙ 滑仓装置	0	1…
3	☑	✎ XL-气缸1缩回	0	0…
4	☑	XL-气缸1伸出	0	0
5	☑	✎ ZL-气缸2缩回	0	0…
6	☑	✎ ZL-气缸2伸出	0	0
7	☑	✎ XL-对象源金属物料	0	1…
8	☑	✎ XL1-急停按钮		
9	☑	✎ XL2-急停按钮		
10	☑	✎ XL-复位灯T		
11	☑	✎ XL-复位灯F		
12	☑	✎ XL-工作完成指示灯T		
13	☑	✎ XL-工作完成指示灯F		
14	☑	✎ XL-基本位置指示灯T		
15	☑	✎ XL-基本位置指示灯F		
16	☑	✎ XL-警示灯红T		
17	☑	✎ XL-警示灯红F		

右键菜单：
- ＋ 添加仿真序列
- 🗐 创建组
- ✎ 编辑
- ✕ 删除
- 🗐 复制
- ⬆ 上移
- ⬆ 移动顶部
- ➡ 运行至该仿真序列

图 1-3-10　删除仿真序列"XL-对象源金属物料"

②定义刚体"GT 添加物料（金属）""GT 添加物料（非金属）"，如图 1-3-11 所示。

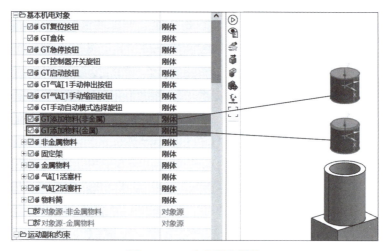

图 1-3-11　定义刚体属性

③定义"GT 添加物料（金属）""GT 添加物料（非金属）"两个刚体分别与大地之间形成滑动副，如图 1-3-12 所示。

④将"GT 添加物料（金属）""GT 添加物料（非金属）"与料筒上表面之间分别创建线性弹簧副，操作及参数如图 1-3-13 所示。

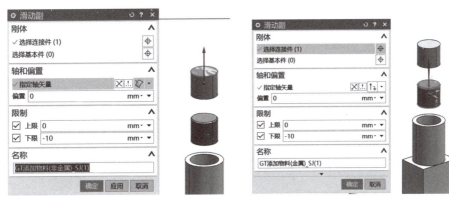

图 1-3-12　定义滑动副

图 1-3-13　创建线性弹簧副

⑤将"对象源-金属物料"以及"对象源-非金属物料"对话框中的复制事件修改为"每次激活时一次",如图 1-3-14 所示。

图 1-3-14　修改对象源属性

⑥创建"添加物料功能"的仿真序列。

a. 创建仿真序列"XL-添加金属物料",如图 1-3-15 所示。逻辑为:滑动副"添加物料(金属)"的定位小于-5 时,"对象源-金属物料"的值为"true",添加一块金属物料。

b. 创建仿真序列"XL-添加非金属物料",如图 1-3-16 所示。逻辑为:滑动副"添加物料(非金属)"的定位小于-5 时,"对象源-非金属物料"的值为"true",添加一块非金属物料。

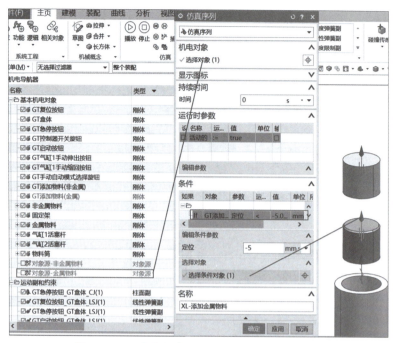

图 1-3-15　创建仿真序列"XL-添加金属物料"

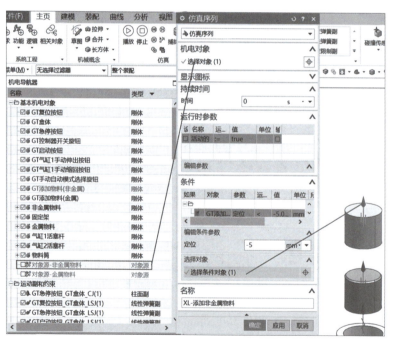

图 1-3-16　创建仿真序列"XL-添加非金属物料"

二、使用 TIA 博途完成 PLC 程序设计

本书使用的博途版本为 TIA Portal 15.1，本节仅介绍 TIA 博途
软件在本项目中的操作过程。

使用 TIA 博图设计
PLC 程序

1. 在 TIA 博途中创建新项目

安装好博途后，鼠标右键单击博途图标 **TIA**，选择以"管理员身份运行"选项，打开启动画面（即 Portal 视图），在 Portal 视图中可以打开现有项目、创建新项目等，如图 1-3-17 所示。

图 1-3-17　启动画面（博途视图）

鼠标左键单击图 1-3-17 左下角的"项目视图"项，切换到项目视图，如图 1-3-18 所示。

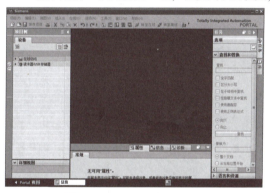

图 1-3-18　项目视图画面

创建一个新项目的步骤为：单击"新建项目"命令→修改"项目名称"→选择存储的路径→单击"创建"按钮，如图 1-3-19 所示。

图 1-3-19　创建新项目步骤

图 1-3-20 所示为生成的新项目界面。

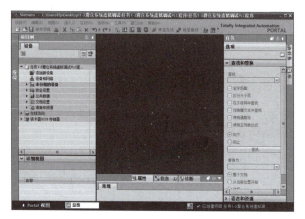

图 1-3-20　生成的新项目界面

2. 添加新设备

双击项目树中的"添加新设备"选项，弹出"添加新设备"对话框，单击其中的"控制器"图标，双击需要添加的 CPU，添加一个 PLC，本项目添加的 CPU 为 CPU 1511-1 PN（订货号：6ES7 511-1AK02-0AB0），单击"确定"按钮添加一款 CPU，在项目树、设备视图中即可看到所添加的 CPU，如图 1-3-21 所示。

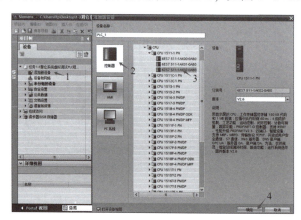

图 1-3-21　添加新的 PLC

3. 添加 PLC 变量表

PLC 变量表中的变量是全局变量，可以用于整个 PLC 中所有的代码块，在所有的代码块中具有相同的意义和唯一的名称，可以在变量表中为输入 I、输出 Q、位存储器 M 等定义全局变量。

在编写变量表时，需要清楚的是，MCD 的输出信号对应的为 PLC 的输入信号，MCD 的输入信号对应的为 PLC 的输出信号，为了方便后期进行信号映射，尽量将 PLC 信号的名称编写得与 MCD 中对应信号的名称一致。

以"急停信号"为例，在 PLC 中为输出信号，具体操作步骤为：单击 PLC 变量下的"默认变量表"选项→修改名称为"急停信号"→修改数据类型为"Bool"→定义地址为"I0.0"，如图 1-3-22 所示。

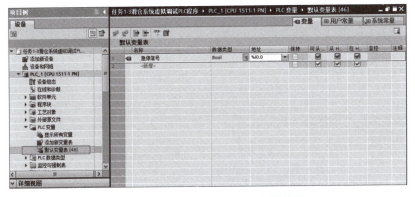

图 1-3-22　增加 PLC 变量“急停信号”

如图 1-3-23 所示，用相同的方法在此变量表中再添加：输入信号三个——“控制器开/关信号”“气缸 1 手动缩回按钮信号”“气缸 1 手动伸出按钮信号”；输出信号两个——“气缸 1 缩回信号”“气缸 1 伸出信号”。

默认变量表

	名称	数据类型	地址	保持	可从...	从 H...	在 H...	监控	注释
1	急停信号	Bool	%I0.0		☑	☑	☑		
2	控制器开/关信号	Bool	%I0.1		☑	☑	☑		
3	气缸1手动缩回按钮信号	Bool	%I0.2		☑	☑	☑		
4	气缸1手动伸出按钮信号	Bool	%I0.3		☑	☑	☑		
5	气缸1缩回信号	Bool	%Q0.0		☑	☑	☑		
6	气缸1伸出信号	Bool	%Q0.1		☑	☑	☑		
7	<新增>				☑	☑	☑		

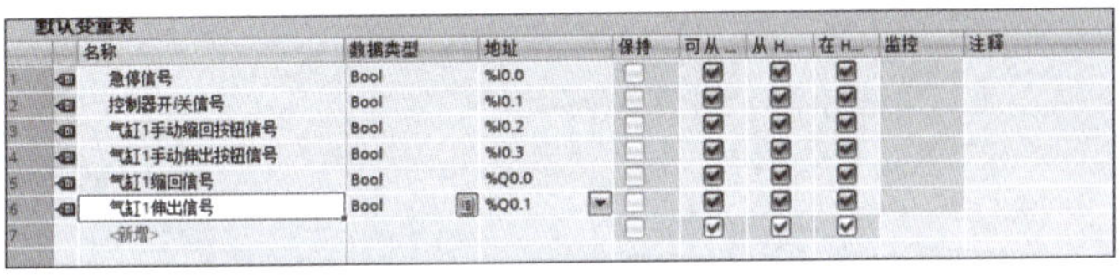

图 1-3-23　在变量表中添加其他信号

4. 编写 PLC 程序

鼠标左键双击项目树程序块下的“Main［OB1］”，弹出程序编写窗口，在此窗口中编写程序，编写完成后单击“保存”按钮保存项目，如图 1-3-24 所示。

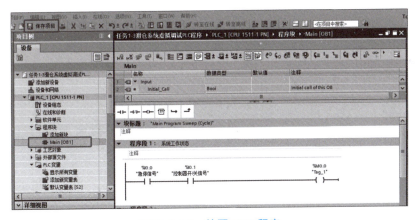

图 1-3-24　编写 PLC 程序

本次案例编写的功能为：

①松开“急停”按钮，控制器开/关打开，系统进入工作状态。

②按下“气缸 1 手动缩回”按钮气缸 1 顺利缩回。

③按下“气缸 1 手动伸出”按钮气缸 1 顺利伸出。

参考程序如图 1-3-25 所示。

学习笔记

▼ 程序段 1：系统工作状态
　　注释

```
   %I0.0              %I0.1                                    %M0.0
 "急停信号"        "控制器开/关信号"                          "Tag_1"
 ──┤ ├──────────────┤ ├───────────────────────────────────( )──┤
```

▼ 程序段 2：气缸1伸出
　　注释

```
                     %I0.3                                    %Q0.1
   %M0.0          "气缸1手动伸出按                          "气缸1伸出信号"
 "Tag_1"            钮信号"                                   ( S )
 ──┤ ├──────────────┤ ├──────────────────┬────────────────────
                                          │
                                          │                  %Q0.0
                                          │               "气缸1缩回信号"
                                          └────────────────────( R )
```

▼ 程序段 3：气缸1缩回
　　注释

```
                     %I0.2                                    %Q0.0
   %M0.0          "气缸1手动缩回按                          "气缸1缩回信号"
 "Tag_1"            钮信号"                                   ( S )
 ──┤ ├──────────────┤ ├──────────────────┬────────────────────
                                          │
                                          │                  %Q0.1
                                          │               "气缸1伸出信号"
                                          └────────────────────( R )
```

图 1-3-25　参考程序

三、下载程序至 PLC 仿真软件

1. 打开仿真软件

鼠标右键单击 PLC 仿真软件"S7-PLCSIM Advanced V2.0 SP1"，选择"以管理员身份运行"，在选项"Instance name"以数字命名 PLC，再单击"Start"按钮，将生成新的 PLC 实例，如图 1-3-26 所示，该 PLC 的 IP 地址为 192.168.0.1。

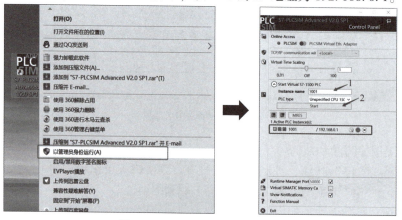

图 1-3-26　新建仿真实例 PLC

2. 组态 PROFINET 接口

打开博途软件，双击"设备组态"选项，单击 PROFINET 接口，选择以太网地址，查看 PROFINET 接口中的以太网 IP 地址是否与仿真 PLC 中的 IP 地址一致，如不一致需修改为一致，如图 1-3-27 所示。

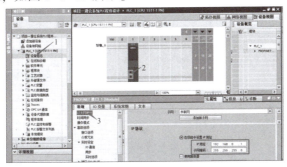

图 1-3-27　组态以太网地址

3. 激活块编译时支持仿真

使用 PLCSIM Advanced 进行仿真时，需要激活块编译时支持仿真，操作步骤为：右键单击项目树中的"任务 1-3 滑仓系统虚拟调试 PLC 程序"→选择"属性"选项→单击"保护"选项卡→勾选激活"块编译时支持仿真"复选框→单击"确定"按钮，如图 1-3-28所示。

图 1-3-28　激活块编译时支持仿真

4. 下载程序至 PLCSIM Advanced

选中博途中需要下载的 PLC，单击"下载到设备"按钮，弹出"下载预览"窗口，单击"装载"按钮，如图 1-3-29 所示。

图 1-3-29　下载程序步骤 1

装载完成后将弹出"下载结果"窗口，在此窗口中选择"启动模块"，再单击"完成"按钮，如图 1-3-30 所示。

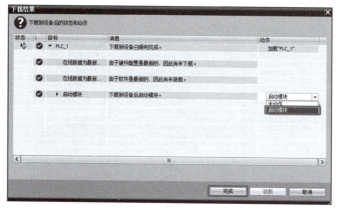

图 1-3-30　下载程序步骤 2

四、外部信号配置

MCD 与外部链接支持多种通信协议，本书介绍其中的"PLCSIM Adv"。

单击工具栏中的"外部信号配置"命令，弹出"外部信号配置"对话框，在对话框中选择"PLCSIM Adv"选项卡，单击"添加实例"按钮，如图 1-3-31 所示。

外部信号配置

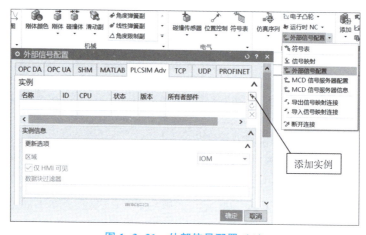

图 1-3-31　外部信号配置（1）

弹出"添加 PLCSIM Adv 实例"对话框，此时将显示所创建的 PLC 实例"1001"，选中后单击"确定"按钮，如图 1-3-32 所示。

此时将返回"外部信号配置"对话框，在对话框中出现实例"1001"，选中实例"1001"，再单击"更新标记"命令，此时看到标记处出现 PLC 变量表中所创建的信号，单击"全选"复选框，再单击"确定"按钮即完成了 MCD 外部信号的配置，如图 1-3-33 所示。

图 1-3-32　添加 PLCSIM Adv 实例

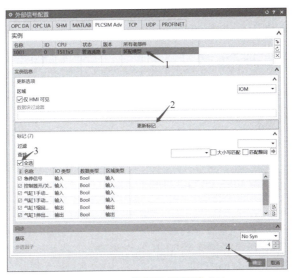

图 1-3-33　外部信号配置（2）

五、信号映射

信号映射能创建 MCD 信号与外部信号之间的连接，使 MCD 信号与 PLC 信号之间形成一一对应。操作步骤为：

①单击"信号映射"命令，在弹出的"信号映射"对话框中选择外部信号类型为"PLCSIM Adv"，选择"PLCSIM Adv 实例"为"1001"，单击"执行自动映射"命令，"执行自动映射"能将外部的输出信号与 MCD 的输入信号中名字一致的信号自动完成映射，将外部的输入信号与 MCD 的输出信号中名字一致的信号自动完成映射，此时在"映射的信号"处将出现成功映射的信号，如图 1-3-34 所示。

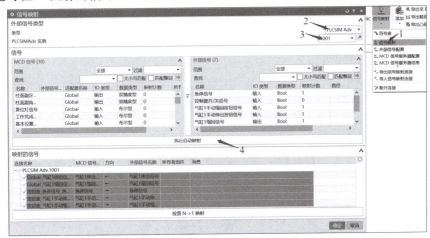

图 1-3-34　信号映射（1）

②信号名称不同的信号之间无法完成信号的自动映射，需手动映射。单击选中需要映射的外部信号中映射计数为"0"的信号"控制器开/关信号"项，再单击选中

MCD 信号中与之对应的"控制器开关信号"项，再单击中间的"信号映射"按钮，实现手动映射，当完成所有信号的映射后单击"确定"按钮，如图 1-3-35 所示。

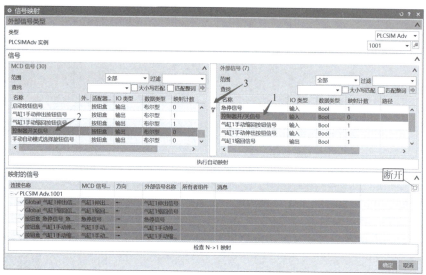

图 1-3-35　信号映射（2）

图 1-3-35 中，映射的信号"方向"栏下"箭头"表示信号传递的方向。单击"断开"按钮，可以断开选中的映射连接。

六、仿真运行

单击仿真"播放"按钮，鼠标左键向下拖动刚体"添加物料（金属）"，可观察到刚体"添加物料（金属）"被拖动，同时料筒中出现添加一颗金属物料，松开鼠标后刚体"添加物料（金属）"复位。使"急停"按钮处于松开状态，"控制器开/关"旋钮处于打开状态，按下"气缸 1 手动缩回"按钮气缸 1 缩回并保持，物料落下，如图 1-3-36 所示。

仿真运行

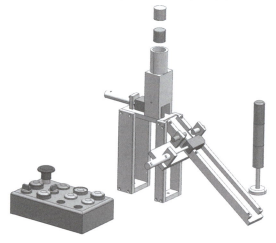

图 1-3-36　仿真运行（气缸 1 缩回）

按下"气缸1手动伸出"按钮气缸1伸出并保持，物料被推出至滑道中，如图1-3-37所示。

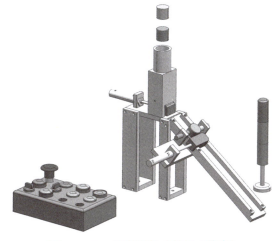

图 1-3-37　仿真运行（气缸 1 伸出）

在博途软件中的 OB1 程序界面中，单击"启用监视"按钮，可对 PLC 梯形图进行监视，如图 1-3-38 所示。

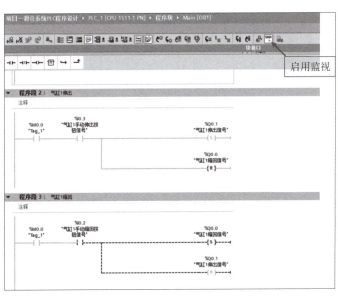

图 1-3-38　仿真运行（PLC 程序监视）

任务验收

单击仿真"播放"按钮，观察 MCD 模型的变化，按照验收操作进行验收，填写任务验收单 1-3。

任务验收单 1-3

步骤	验收操作	验收功能	自查结果	教师验收	配分	得分
①	单击仿真"播放"按钮，将"控制器开/关"旋钮旋至"ON"	料筒中无物料			10	
		气缸 1 处于伸出状态			5	
		气缸 2 处于伸出状态			5	
②	鼠标左键往下拖动"GT 添加物料（金属）"	在物料筒中成功添加一颗"金属物料"			15	
③	鼠标左键拖动按下"气缸 1 手动缩回"按钮后松开	气缸 1 缩回并保持			20	
		金属物料顺利落下			5	
④	鼠标左键拖动按下"气缸 1 手动伸出"按钮后松开	气缸 1 伸出并保持			20	
		金属物料顺利推出			5	
⑤	鼠标左键往下拖动"GT 添加物料（非金属）"	在物料筒中成功添加一颗"非金属物料"			15	
	合计				100	
	学生签字：			教师签字：		

任务 4　滑仓系统虚拟调试

任务描述

在任务 1、任务 2 中已完成滑仓系统的 MCD 模型设计，任务 3 完成了虚拟调试技术的学习，现需要完成整个滑仓系统的 PLC 程序设计并进行软件在环虚拟调试和硬件在环虚拟调试，图 1-4-1 所示为滑仓系统元器件位置，图 1-4-2 所示为按钮盒布局。

添加物料（非金属）
添加物料（金属）
物料筒
气缸1伸出到位传感器
气缸1缩回到位传感器
料筒物料检测传感器
推料滑块
电容式接近开关
电感式接近开关
警示灯（红）
警示灯（黄）
警示灯（绿）
挡料滑块
滑道
气缸2伸出到位传感器
气缸2缩回到位传感器
按钮盒

图 1-4-1　滑仓系统元器件位置

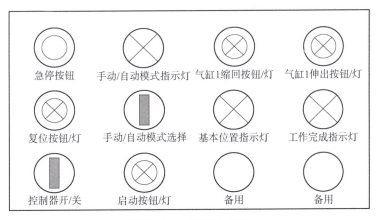

急停按钮　　手动/自动模式指示灯　气缸1缩回按钮/灯　气缸1伸出按钮/灯

复位按钮/灯　手动/自动模式选择　基本位置指示灯　工作完成指示灯

控制器开/关　启动按钮/灯　　备用　　　　备用

图 1-4-2　按钮盒布局

滑仓系统功能要求：

（1）按钮盒控制要求

①急停按钮：按下后，所有动作立即停止，操作无效，警示灯（红）常亮，其他灯灭。

②复位按钮/灯：发光按钮，急停复位，急停状态被解除后，需按下此按钮，才能成功复位控制系统，复位灯亮。

③控制器开/关：旋钮开关，关闭时（图示位置），控制器关闭，所有灯灭，任何操作都无法进行，打开时（顺时针旋转90°）控制器才能工作。

④手动/自动模式指示灯：指示灯，显示手动状态或者自动状态。

⑤手动/自动模式选择：旋钮开关，手动（图示位置）与自动（顺时针旋转90°）控制模式的选择。

⑥启动按钮/灯：发光按钮，手动模式时操作无效，自动模式时的启动按钮；自动模式启动后，自动工作过程中启动灯常亮，自动工作结束后启动灯灭。

⑦气缸1缩回按钮/灯：发光按钮，手动模式下，此按钮控制气缸1缩回，自动模式下无效；在工作过程中，气缸1处于缩回状态时此灯亮。

⑧气缸1伸出按钮/灯：发光按钮，手动模式下，此按钮控制气缸1伸出，自动模式下无效；在工作过程中，气缸1处于伸出状态时此灯亮。

⑨基本位置指示灯：滑仓装置处于基本位置（即气缸1伸出，气缸2伸出）时该指示灯亮。

⑩工作完成指示灯：自动模式完成后亮。

（2）手动模式运行

①"手动/自动模式选择"旋钮旋至"手动模式"，上电，旋转"控制器开/关"打开控制器，系统自动恢复到基本位置。

②基本位置指示灯亮，气缸1伸出指示灯亮，手动/自动模式指示灯闪烁（1 Hz），警示灯（绿）闪烁（2 Hz），其他灯灭。

③料筒内无物料时，或挡料滑块处有物料时，按下"气缸1缩回"按钮无效。

④添加一颗金属物料，按下"气缸1缩回"按钮，气缸1缩回，金属物料顺利落下，气缸1伸出指示灯灭，气缸1缩回指示灯亮。

⑤按下"气缸1伸出"按钮，气缸1伸出，气缸1伸出指示灯亮，气缸1缩回指示灯灭，推料滑块将金属物料推至滑道中，金属物料滑至挡料滑块处，气缸2缩回后伸出，滑块顺利滑下。

⑥添加一颗非金属物料，按下"气缸1缩回"按钮，气缸1缩回，非金属物料顺利落下，气缸1伸出指示灯灭，气缸1缩回指示灯亮。

⑦按下"气缸1伸出"按钮，气缸1伸出，气缸1伸出指示灯亮，气缸1缩回指示灯灭，推料滑块将金属物料推至滑道中，非金属物料滑至挡料滑块处，气缸2不动作，警示灯（黄）闪烁（1 Hz）。

⑧手动将非金属物料移除，方可继续操作。

⑨整个过程中，按下"启动"按钮无效。

（3）自动模式运行

①"手动/自动模式选择"旋钮旋转至"自动模式"，上电，旋转"控制器开/

关"打开控制器，系统自动恢复到基本位置。

②手动/自动模式指示灯常亮，警示灯（绿）常亮，基本位置指示灯亮，气缸1伸出指示灯亮，其他灯灭。

③料筒内无物料时，或挡料滑块处有物料时，按下"启动"按钮无效，且警示灯（黄）亮3 s后熄灭。

④当挡料滑块处无物料，料筒内有物料时，按下"启动"按钮，开始自动运行，启动灯常亮。

⑤气缸1缩回，物料顺利从料筒内落下。

⑥气缸1伸出，物料被推至滑道，停在挡料滑块上。

⑦若为非金属物料，则警示灯（黄）闪烁（1 Hz），需手动移走物料后直接执行第⑩步；若为金属物料，则继续第⑧步。

⑧气缸2缩回，金属物料顺利滑下。

⑨气缸2伸出，完成一次选料。

⑩若料筒此时无物料，则警示灯（黄）常亮，添加物料后继续重复第⑤~⑨步，直至完成三颗金属物料通过，此时系统停止，工作完成指示灯亮，启动灯灭，返回第③步。

（4）急停操作

在任意时刻按下"急停"按钮，系统立刻停止，警示灯（红）常亮，其他灯灭。"急停"按钮按下后，需释放"急停"按钮并按下"复位"按钮后，方可继续工作，此时复位灯常亮。

学习目标

1. 知识目标

①学会S7-1500的基本编程指令。

②掌握PLC-MCD的虚拟调试方法。

2. 技能目标

①完成滑仓系统PLC程序的设计、虚拟调试及程序优化，提高自动化生产线的程序设计与优化能力。

3. 素养目标

①培养探究学习、终身学习意识。

②培养脚踏实地、细致认真的工作态度。

知识链接

（本书中介绍S7-1500的编程基础指令，若读者需要掌握更多的编程技能，请查阅相关专业书籍。）

一、S7-1500的基本编程指令

（一）位逻辑指令

表1-4-1所示为位逻辑指令的描述。

表 1-4-1　位逻辑指令

指令	描述	指令	描述
─┤ ├─	常开触点	SR ──S　　Q── ····─R1	置位/复位触发器
─┤/├─	常闭触点	RS ──R　　Q── ····─S1	复位/置位触发器
─┤NOT├─	取反 RLO	─┤P├─	扫描操作数的信号上升沿
─( )─	赋值	─┤N├─	扫描操作数的信号下降沿
─(/)─	赋值取反	─(P)─	在信号上升沿置位操作数
─(S)─	置位输出	─(N)─	在信号下降沿置位操作数
─(R)─	复位输出	P_TRIG ──CLK　　Q──	扫描 RLO 的信号上升沿
─(SET_BF)─	置位位域	N_TRIG ──CLK　　Q──	扫描 RLO 的信号下降沿
─(RESET_BF)─	复位位域	R_TRIG ──EN　ENO── false─CLK　Q─false	检测信号上升沿
		F_TRIG ──EN　ENO── false─CLK　Q─false	检测信号下降沿

1. 常开触点与常闭触点

常开触点在指定的位为 1（true）时闭合，为 0（false）时断开。常闭触点在指定的位为 1 状态时断开，为 0 状态时闭合。两个触点的串联为"与"运算，两个触点的并联为"或"运算。

2. 取反 RLO 触点

RLO 是逻辑运算结果的简称，该触点用来转换逻辑结果的状态。若该触点输入端为 0 状态，则输出为 1；若该触点输入端为 1 状态，则输出为 0。

3. 赋值和赋值取反指令

赋值指令即梯形图中的线圈，该指令将线圈输入端的逻辑运算结果的信号状态写入指定的操作数地址，线圈通电时写入 1，线圈断电时写入 0。

赋值取反指令即赋值取反线圈，是在线圈中有"/"符号，如果有能流流过该取反线圈，则输出为 0；如果无能流流过该取反线圈，则输出为 1。

4. 置位、复位输出指令

置位输出指令（Set）将指定的位操作数置位（变为 1 状态并保持）。

复位输出指令（Reset）将指定的位操作数复位（变为 0 状态并保持）。

如果同一操作数的 Set 线圈和 Reset 线圈同时断电，则指定操作数的信号状态保持不变。

5. 置位位域指令和复位位域指令

置位位域指令（SET_BF）将指定的地址开始的连续若干个位地址置位（变为 1 状态并保持）。图 1-4-3 中 I0.0 的上升沿（从 0 状态变为 1 状态），使得 Q0.0 开始的三个连续位（Q0.0、Q0.1、Q0.2）被置位。

复位位域指令（RESET_BF）将指定的地址开始的连续若干个位地址复位（变为 0 状态并保持）。图 1-4-3 中 I0.1 的上升沿（从 0 状态变为 1 状态），使得 Q0.0 开始的三个连续位（Q0.0、Q0.1、Q0.2）被复位。

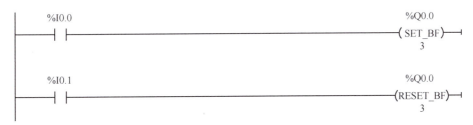

图 1-4-3　置位位域指令和复位位域指令

6. 置位/复位触发器与复位/置位触发器

图 1-4-4 中的 SR（复位优先）触发器与 RS（置位优先）触发器，其输入/输出关系见表 1-4-2，两个触发器的区别在于两个信号都为 1 时，输出 Q 的状态。

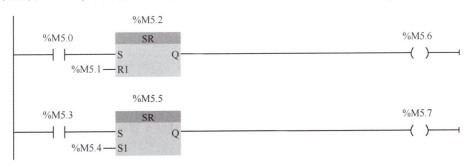

图 1-4-4　SR 触发器与 RS 触发器

表 1-4-2　SR 与 RS 触发器的功能

SR 触发器			RS 触发器		
S	R1	Q	S1	R	Q
0	0	保持前一状态	0	0	保持前一状态
0	1	0	0	1	0
1	0	1	1	0	1
1	1	0	1	1	1

7. 扫描操作数的信号上升沿/下降沿指令

图 1-4-5 中，中间有 P 的触点指令名称为"扫描操作数的信号上升沿"，如果该

触点上面的输入信号 I0.0 由状态 0 变为 1（输入信号 I0.0 的上升沿），则该触点接通一个扫描周期，而在其他状态下，该触点均断开；中间有 N 的触点指令名称为"扫描操作数的信号下降沿"，如果该触点上面的输入信号 I0.0 由状态 1 变为 0（输入信号 I0.0 的下降沿），则该触点接通一个扫描周期，而在其他状态下，该触点均断开。边沿检测触点不能放在电路的结束处。

图 1-4-5 中，触点下面的 M10.0、M10.1 为边沿存储位，用来存储上一次扫描循环时 I0.0、I0.1 的状态。通过比较 I0.0、I0.1 的当前状态和上一次循环的状态，来检测信号的边沿。边沿存储位的地址只能在程序中使用一次，它的状态不能在其他地方被改写。只能用 M、DB 和 FB 的静态局部变量（Static）来作边沿存储位，不能用块的临时局部数据或 I/O 变量来作边沿存储位。

图 1-4-5　扫描操作数的信号边沿检测指令

8. 在信号边沿置位操作数的指令

有 P 的线圈是"在信号上升沿置位操作数"指令，仅在接收到上升沿信号（线圈由断电变为通电）时，该指令的输出位为 1，其他情况下均为零。有 N 的线圈是"在信号下降沿置位操作数"指令，仅在接收到下降沿信号（线圈由通电变为断电）时，该指令的输出位为 1，其他情况下均为零。

上述两条线圈格式的指令不会影响逻辑运算结果 RLO，它们对能流是畅通无阻的，其输入端的逻辑运算结果被立即送给它的输出端。这两条指令可以放置在程序段的中间或程序段的最右边。

图 1-4-6 中，I0.0 由断开变为接通时，RLO 由 0 状态变为 1 状态（即在 RLO 的上升沿），M10.0 的常开触点闭合一个扫描周期，使 Q0.1 置位。I0.0 由接通变为断开时，RLO 由 1 状态变为 0 状态（即在 RLO 的下降沿），M10.2 的常开触点闭合一个扫描周期，使 Q0.1 复位。

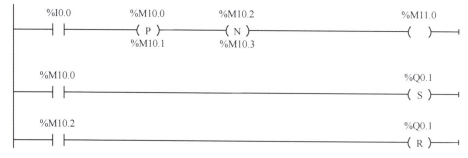

图 1-4-6　在信号边沿置位操作数的指令

9. 扫描 RLO 的信号边沿指令

在图 1-4-7 中，I0.0 由断开变为接通时，"扫描 RLO 的信号上升沿"指令

（P_TRIG）的 CLK 输入端接收到上升沿信号，Q 端输出一个扫描周期的脉冲，使得 Q0.1 置位，指令下方的 M10.0 是脉冲存储位。

在图 1-4-7 中，I0.0 由接通变为断开时，"扫描 RLO 的信号下降沿"指令（N_TRIG）的 CLK 输入端接收到下降沿信号，Q 端输出一个扫描周期的脉冲，使得 Q0.1 复位，指令下方的 M10.1 是脉冲存储位。

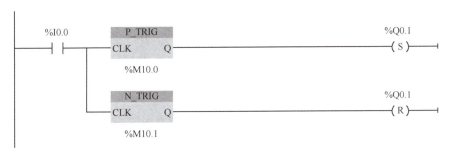

图 1-4-7　扫描 RLO 的信号边沿指令

10. 检测信号边沿指令

图 1-4-8 中 R_TRIG 为"检测信号上升沿"指令，图 1-4-9 中 F_TRIG 为"检测信号下降沿"指令。它们是函数块，在调用时应为它们指定背景数据块，这两条指令将输入 CLK 的当前状态与背景数据块中的边沿存储位保存的上一个扫描周期的 CLK 的状态进行比较，如果检测到 CLK 的上升沿或下降沿，将会通过 Q 端输出一个扫描周期的脉冲。

在图 1-4-8 中，当 I0.0 由断开变为接通时，"R_TRIG"中的 CLK 收到上升沿信号，M10.0 产生一个周期的脉冲，使得 Q0.1 置位。

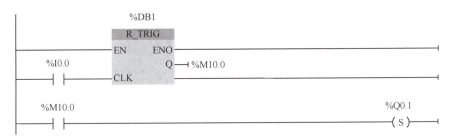

图 1-4-8　检测信号上升沿指令

在图 1-4-9 中，当 I0.0 由接通变为断开时，"F_TRIG"中的 CLK 收到下降沿信号，M10.1 产生一个周期的脉冲，使得 Q0.1 复位。

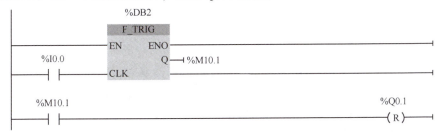

图 1-4-9　检测信号下降沿指令

（二）定时器指令与计数器指令

IEC 定时器和 IEC 计数器属于函数块，调用时需要指定配套的背景数据块，定时器和计数器指令的数据保存在背景数据块中，本书将介绍 IEC 定时器和 IEC 计数器指令。

1. 定时器指令

S7-1500 CPU 可以使用的 SIMATIC 定时器个数受到限制，而 IEC 定时器的个数不受限制。SIMATIC 定时器的最大定时时间为 9 990 s，IEC 定时器的最大定时时间为24 天。在 HMI 上显示 IEC 定时器的当前值和设置预设值比 SIMATIC 定时器方便得多。

（1）脉冲定时器

如图 1-4-10 所示，从程序编辑器右边的指令列表窗口中，将生成脉冲定时器指令拖放到梯形图中适当位置，在出现的"调用选项"对话框中，可以修改默认的背景数据块名称（如"T1"），用作定时器的标识符，单击"确定"按钮，自动生成背景数据块（图1-4-11）。

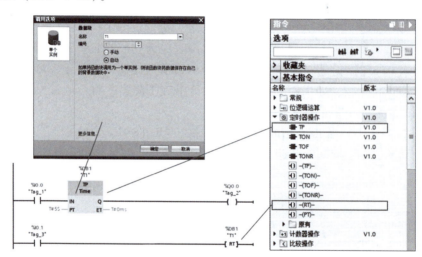

图 1-4-10　调出脉冲定时器

		名称	数据类型	起始值	保持	可从 HMI/...	从 H...
1		▼ Static					
2		PT	Time	T#0ms	☐	☑	☑
3		ET	Time	T#0ms	☐	☑	☑
4		IN	Bool	false	☐	☑	☑
5		Q	Bool	false	☐	☑	☐

图 1-4-11　IEC 定时器的背景数据块

输入 IN 为启动输入端，在输入 IN 的上升沿启动脉冲定时器 TP，输入参数 PT 为预设时间值，输出参数 ET 为定时开始后经过的时间，成为当前时间值，它们的数据类型为 32 位的 Time，单位为 ms，最大定时时间为 T#24D_20H_31M_23S_647MS。PT和 ET 的数据类型还可以是 64 位的 LTime，单位为 ns，单击定时器标识下面的问号，可以设置 PT 和 ET 的数据类型。

Q 为定时器的位输出，可以不给 Q 和 ET 指定地址。各参数均可以使用 I、Q、M、D、L 存储区，IN 和 PT 可以使用常量，脉冲定时器指令可以放在程序段的中间或结束处。图 1-4-10 中，当 I0.1 为 1 时，定时器复位线圈（RT）通电，定时器被复位，用定时器的背景数据块的编号或符号名来指定需要复位的定时器。

脉冲定时器 TP 用于将输出 Q 置位为 PT 预设的一段时间。如图 1-4-12 所示，在 IN 输入信号的上升沿启动该定时器，Q 输出变为 1 状态，开始输出脉冲，定时开始后，当前时间 ET 从 0 开始不断增大。达到 PT 预设的时间时，Q 输出变为 0 状态，如果 IN 输入信号为 1 状态，则当前时间值保持不变（图中波形 A）；如果 IN 输入信号为 0 状态，则当前时间变为 0。IN 输入的脉冲宽度可以小于预设值，在脉冲输出期间，即使 IN 输入出现下降沿或上升沿，也不会影响脉冲的输出（图中波形 B）。I0.1 为 1，复位线圈（RT）通电，且 IN 输入信号为 0 状态，将使当前时间值 ET 清零，Q 输出也变为 0 状态（图中波形 C）。I0.1 为 1 时，IN 输入信号为 1 状态，将使当前时间清零，但 Q 输出保持为 1 状态（图中波形 D）。复位信号变为 0 时，若 IN 输入信号为 1 状态，将重新开始定时（图中波形 E）。

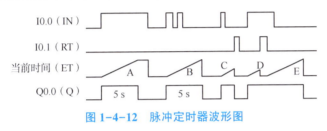

图 1-4-12　脉冲定时器波形图

（2）接通延时定时器

接通延时定时器 TON（图 1-4-13），用于将 Q 输出的置位操作延时 PT 指定的时间，IN 输入端从断开变为接通时开始计时。如图 1-4-14 所示，计时时间大于等于预设值时，输出 Q 变为 1 状态，当前时间值 ET 保持不变。IN 输入端的电路断开时，定时器被复位，当前时间 ET 被清零。如果 IN 输入信号在未达到 PT 设定的时间时变为 0 状态，输出 Q 保持 0 状态不变。当 I0.1 为 1 状态时，定时器复位线圈 RT 通电，定时器被复位，当前时间被清零，Q 输出变为 0。复位输入 I0.3 变为 0 状态时，如果 IN 输入信号为 1 状态，将开始重新定时。

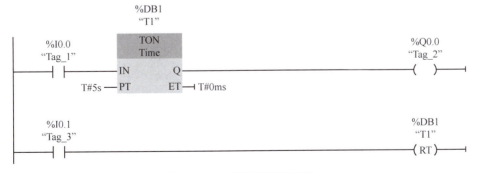

图 1-4-13　接通延时定时器

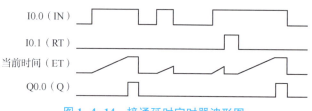

图 1-4-14　接通延时定时器波形图

（3）关断延时定时器

关断延时定时器 TOF（图 1-4-15），用于将 Q 输出的复位操作延时 PT 指定的一段时间。IN 输入端电路接通时，输出 Q 为 1 状态，当前时间被清零。如图 1-4-16 所示，IN 输入电路由接通变为断开，当前时间从 0 逐渐增大，当前时间增大至预设值时，输出 Q 被复位，当前时间保持不变，直到 IN 重新被接通。如果当前时间 ET 未达到 PT 预设值，IN 输入信息重新变为 1 状态，当前时间 ET 被清零，输出 Q 将保持 1 状态不变。当 I0.1 为 1 状态时，定时器复位线圈 RT 接通，如果此时 IN 输入信号为 0 状态，则定时器被复位，当前时间被清零，输出 Q 变为 0 状态，如果复位时 IN 输入信号为 1，则复位信号不起作用。

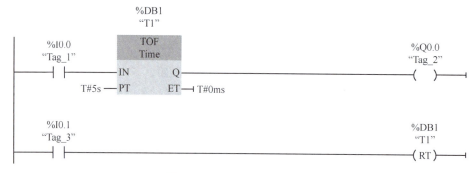

图 1-4-15　关断延时定时器

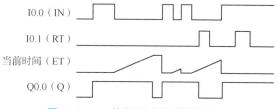

图 1-4-16　关断延时定时器波形图

（4）时间累加器

时间累加器 TONR（图 1-4-17），输入 IN 接通时开始定时，输入电路断开时，累计的当前时间值保持不变。可以用 TONR 来累计输入电路接通的若干个时间段。复位输入 R 为 1 时，TONR 被复位，它的当前时间值变为 0，同时输出 Q 变为 0 状态。波形图如图 1-4-18 所示。

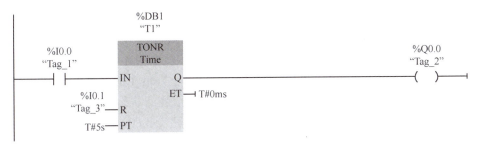

图 1-4-17　时间累加器

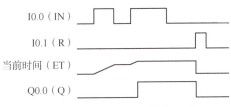

图 1-4-18　时间累加器波形图

（5）定时器线圈指令

在线圈中标有 TP、TON、TOF 和 TONR 的线圈是定时器线圈指令，其功能与方框定时器指令相同。

2. 计数器指令

S7-1500 可以使用的 SIMATIC 计数器个数受到限制，IEC 计数器的个数不受限制。

S7-1500 有三种 IEC 计数器：加计数器（CTU）、减计数器（CTD）以及加减计数器（CTUD），它们属于软件计数器，其最大计数频率受到扫描周期的限制，如果需要频率更高的计数器，可以使用工艺模块中的高速计数器。IEC 计数器指令是函数块，调用时需要生成保存数据的背景数据块。

（1）加计数器

图 1-4-19 中，I0.0 由断开变为接通时（即 CU 信号的上升沿），当前计数器值 CV 加 1，直到增加至所选数据类型的上限值，此后 CU 输入的状态变化不再起作用，CV 的值不再增加。

图 1-4-19 中，当 CV 大于等于预设值 4 时，输出 Q 为 1 状态，反之为 0 状态。当 I0.1 接通，计数器的复位输入 R 为 1 状态时，计数器被复位，CV 被清零，输出 Q 变为 0 状态。

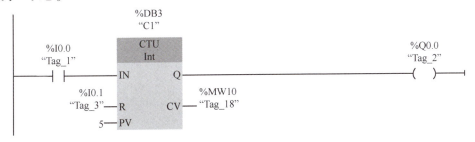

图 1-4-19　加计数器

（2）减计数器

图1-4-20中，I0.1触点闭合时，减计数器C1的装载输入LD为1，将预设计数值5（PV）装入当前计数值CV，输出Q被复位，此时CD端不起作用。I0.1断开时，LD为0状态，在I0.0从断开变为导通（即输入CD上升沿）时，当前计数值CV减1，直到达到指定数据类型的下限值，此后CD输入信号的状态变化不再起作用。在当前计数值CV小于等于0时，输出Q为1状态，反之Q为0状态。

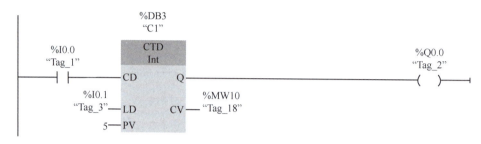

图1-4-20　减计数器

（3）加减计数器

图1-4-21中，加减计数器的加计数输入CU遇上升沿时，当前计数值CV加1，CV达到指定数据类型的上限值时不再增加，其减计数器输入CD遇上升沿时，当前计数值CV减1，CV达到指定数据类型的下限值时不再减小。当CU与CD同时出现上升沿时，CV保持不变。装载输入LD为1状态时，预设值PV被装入当前计数器CV。复位输入R为1状态时，计数器被复位，CV被清零。

CV大于等于预设计数值PV时，输出QU为1，反之为0。CV小于等于0时，输出QD为1，反之为0。

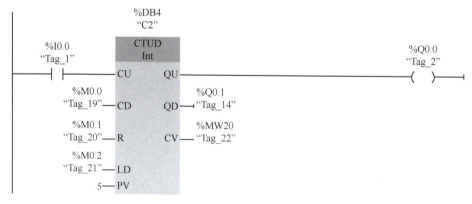

图1-4-21　加减计数器

二、S7-1500数据处理指令

（一）比较操作指令

1. 比较指令

比较指令用来比较数据类型相同的两个数IN1和IN2的大小，IN1和IN2分别在触点的上面和下面。操作数可以是 I、Q、M、D、L、P 存储区中的变量或常数。

比较指令相当于一个触点，比较符号可以是"＝＝"（等于）、"<>"（不等于）、">="（大于等于）、"<="（小于等于）、">"（大于）、"<"（小于）。当满足比较关系式时，触点接通。图 1-4-22 中，MW10 等于 100 时，M10.0 得电；MW10 不等于 100，大于等于 90，且小于等于 110 时，M10.1 得电；MW10 大于 110，小于 120 时，M10.2 得电。

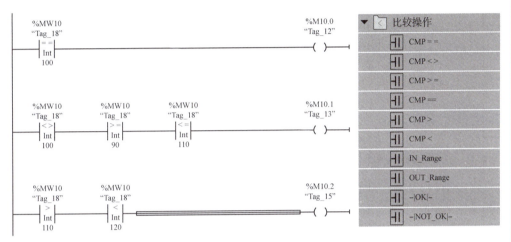

图 1-4-22　比较操作指令

2. 其他比较操作指令

比较操作指令中，除了数比较指令外，还有"IN_Range"（值在范围内指令）、"OUT_Range"（值在范围外指令）、"OK"（检查有效性指令）、"NOT_OK"（检查无效性指令）。

（二）移动值指令

图 1-4-23 中，移动值指令（MOVE）用于将 IN 输入端的源数据传送给 OUT1 输出的目的地址，并且转换为 OUT1 允许的数据类型，源数据保持不变。IN 和 OUT1 的数据类型可以是位字符串、整数、浮点数、定时器、日期时间、CHAR、WCHAR、STRUCT、ARRAY、IEC 定时器/计数器数据类型、PLC 数据类型等，IN 也可以是常数。

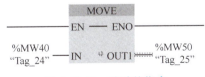

图 1-4-23　移动值指令

如果输入 IN 数据类型的位长度超出输出 OUT1 数据类型的位长度，源值的高位会丢失；如果输入 IN 数据类型的位长度小于输出 OUT1 数据类型的位长度，目标值的高位会丢失。

三、程序循环组织块与启动组织块介绍

主程序OB1属于程序循环OB，CUP在RUN模式时循环执行OB1，可以在OB1中调用FC和FB。其他程序循环OB的编号应大于等于123，CPU按程序循环OB编号的顺序执行它们。一般只需要一个程序循环OB（即OB1），程序循环OB的优先级最低，其他事件都可以中断它们。

启动组织块用于系统初始化，CPU从STOP切换到RUN时，执行一次启动OB。执行完后，将外设输入状态复制到过程映像输入区，将过程映像输出区的值写到外设输出，然后开始执行OB1。默认的启动OB是OB100，其他启动OB编号应大于等于123。

一、软件在环虚拟调试

软件在环虚拟调试

（详细过程参考"项目一的任务3"中的相关内容。）

①用NX打开源文件（文件夹"1-4滑仓系统PLC程序设计与虚拟调试"中的"装配模型"），并进入MCD环境，如图1-4-24所示。

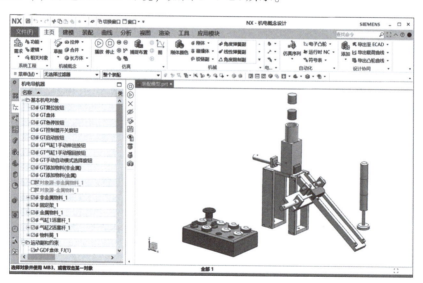

图1-4-24 打开MCD源文件

②根据功能要求完成PLC程序设计。在编写PLC变量表时，可直接导入本书提供的变量表（文件夹"1-4滑仓系统PLC程序设计与虚拟调试"中的"PLC_IO"），导入过程如图1-4-25所示，再单击"确定"按钮后，得到如图1-4-26所示的变量表。

③将程序下载至仿真软件PLCSIM Advanced。

④MCD外部信号配置。

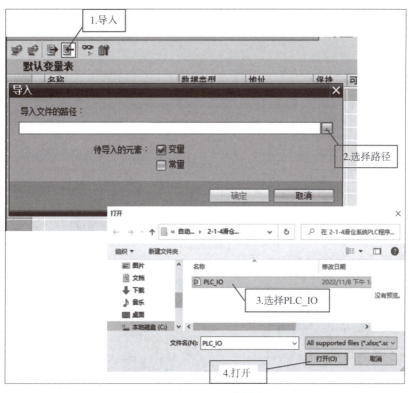

学习笔记

图 1-4-25　导入变量表

默认变量表

	名称	数据类型	地址	保持	可从 ...	从 H...	在 H...	注释
1	急停信号	Bool	%I0.0	☐	☑	☑	☑	
2	复位按钮信号	Bool	%I0.1	☐	☑	☑	☑	
3	控制器开关信号	Bool	%I0.2	☐	☑	☑	☑	
4	启动按钮信号	Bool	%I0.3	☐	☑	☑	☑	
5	气缸1手动伸出按钮信号	Bool	%I0.4	☐	☑	☑	☑	
6	气缸1手动缩回按钮信号	Bool	%I0.5	☐	☑	☑	☑	
7	手动自动模式选择旋钮信号	Bool	%I0.6	☐	☑	☑	☑	
8	电感式接近开关信号	Bool	%I0.7	☐	☑	☑	☑	
9	电容式接近开关信号	Bool	%I1.0	☐	☑	☑	☑	
10	料筒物料检测信号	Bool	%I1.1	☐	☑	☑	☑	
11	气缸1伸出到位信号	Bool	%I1.2	☐	☑	☑	☑	
12	气缸1缩回到位信号	Bool	%I1.3	☐	☑	☑	☑	
13	气缸2伸出到位信号	Bool	%I1.4	☐	☑	☑	☑	
14	气缸2缩回到位信号	Bool	%I1.5	☐	☑	☑	☑	
15	复位灯信号	Bool	%Q0.0	☐	☑	☑	☑	
16	工作完成指示灯信号	Bool	%Q0.1	☐	☑	☑	☑	
17	基本位置指示灯信号	Bool	%Q0.2	☐	☑	☑	☑	
18	警示灯红信号	Bool	%Q0.3	☐	☑	☑	☑	
19	警示灯黄信号	Bool	%Q0.4	☐	☑	☑	☑	
20	警示灯绿信号	Bool	%Q0.5	☐	☑	☑	☑	
21	启动灯信号	Bool	%Q0.6	☐	☑	☑	☑	
22	气缸1缩回到位指示灯信号	Bool	%Q0.7	☐	☑	☑	☑	

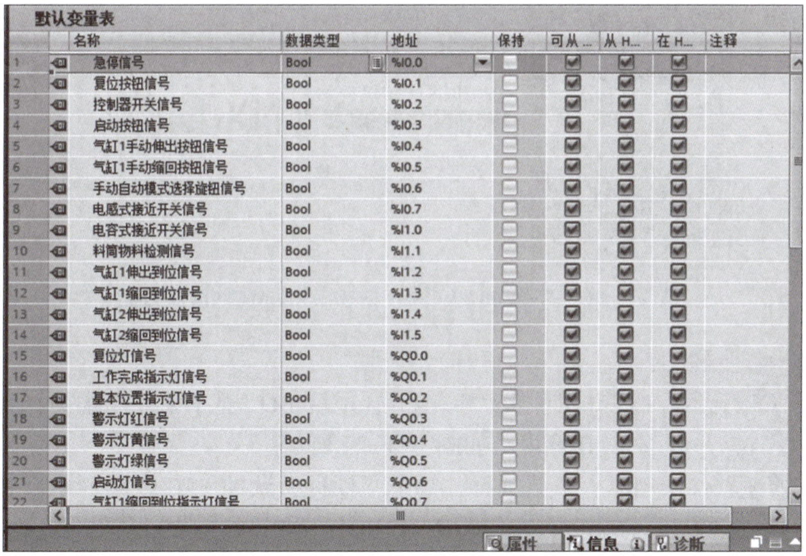

图 1-4-26　生成变量表

⑤信号映射。完成信号的一一映射（14 个输入，14 个输出），如图 1-4-27 所示。

⑥仿真运行。单击仿真“播放”按钮，按任务验收单 1-4 中的内容操作，验证程序。

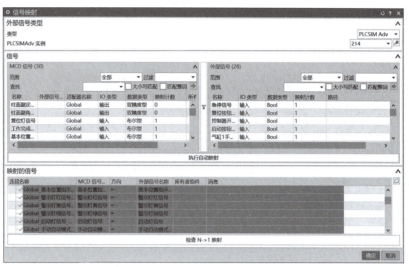

图 1-4-27　完成信号映射

二、硬件在环虚拟调试

本节采用 S7-1500 PLC 设备+OPC UA+NX MCD 的解决方案实现硬件在环虚拟调试，如图 1-4-28 所示。

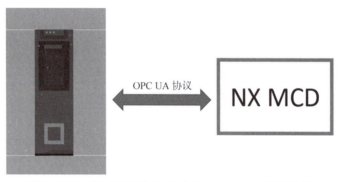

图 1-4-28　S7-1500 PLC+OPC UA+NX MCD 解决方案

具体操作步骤为：

①用 NX 打开源文件（文件夹"1-4 滑仓系统 PLC 程序设计与虚拟调试"中的"装配模型"），并进入 MCD 环境，如图 1-4-24 所示。

②在博途软件中创建一个新项目，添加与硬件一致的 PLC 型号（本案例为 CPU 1511-1 PN，订货号：6ES7 511 -1AK02-OABO），如图 1-4-29 所示。

③右键单击 PLC 项目，单击"属性"选项，在"常规"选项卡中单击"OPC UA"项，勾选"激活 OPC UA 服务器"复选框，弹出"安全注意事项"，单击"确定"按钮，复制服务器地址备用，如图 1-4-30 所示。

④将 OPC UA 中"服务器上可用的安全策略"进行如图 1-4-31 所示的更改。

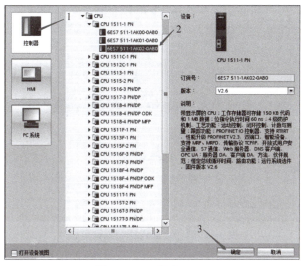

图 1-4-29   添加 PLC

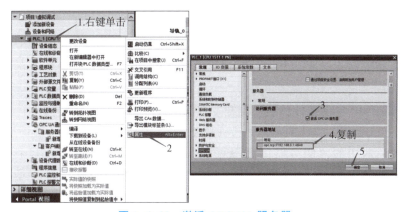

图 1-4-30   激活 OPC UA 服务器

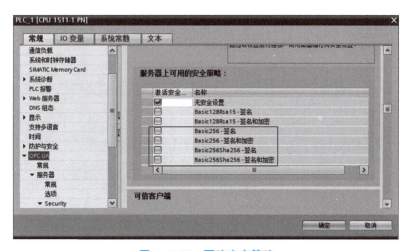

图 1-4-31   更改安全策略

⑤按照图 1-4-32 所示添加运行系统许可证。

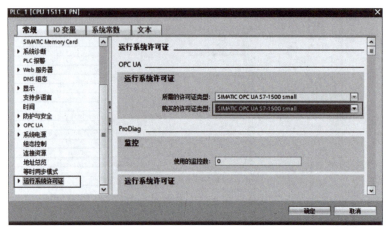

图 1-4-32　添加运行系统许可证

⑥添加 PLC 变量。可直接导入本书提供的变量表（文件夹"1-4 滑仓系统 PLC 程序设计与虚拟调试"中的"PLC_IO"），导入过程如图 1-4-25 所示，再单击"确定"按钮后，得到如图 1-4-26 所示的变量表。

⑦按照功能要求编写 PLC 控制程序。

⑧下载 PLC 程序至真实 PLC（下载前需修改 PC 端的 IP 地址和 PLC 的 IP 地址在同一网段中）。

⑨在 NX MCD 中创建外部信号配置。如图 1-4-33 所示，在"外部信号配置"对话框中选中"OPC UA"选项卡，单击"添加"按钮，弹出如图 1-4-34 所示的对话框，在该对话框中的"服务器信息端点 URL：opc.tcp://192.168.0.1:4840"（与图 1-4-30中的服务器地址一致），单击"确定"按钮，弹出如图 1-4-35 所示对话框，选中图示选项后再单击"确定"按钮。返回图 1-4-36 所示对话框，勾选"Inputs"和"Outputs"中的信号，单击"确定"按钮，完成外部信号配置。

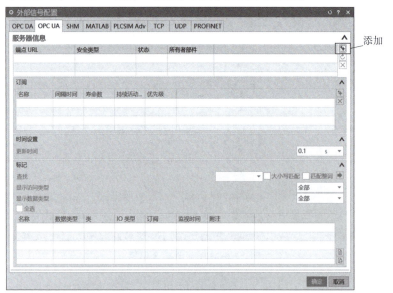

图 1-4-33　外部信号配置（1）

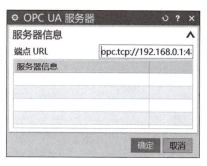

图1-4-34　外部信号配置（2）

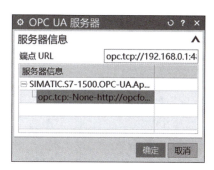

图1-4-35　外部信号配置（3）

⑩在NX MCD中的内部信号与PLC外部信号（28个）之间建立信号映射，如图1-4-37所示。映射完成后可在机电导航器中看到所连接的信号，如图1-4-38所示。

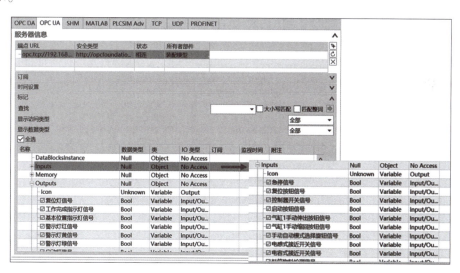

图1-4-36　外部信号配置（4）

⑪仿真运行。单击仿真"播放"按钮，按任务验收单1-4中的内容操作，验证程序。

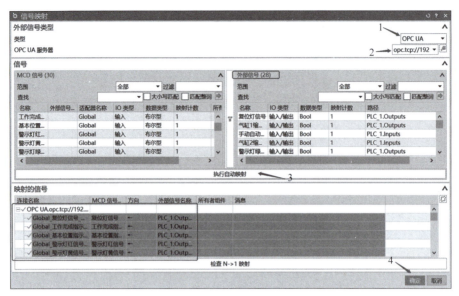

图 1-4-37　信号映射

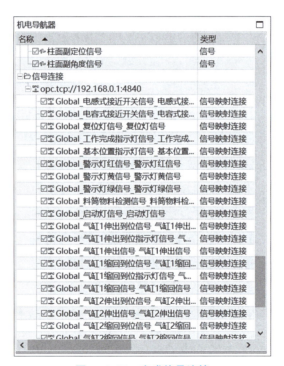

图 1-4-38　完成信号连接

任务验收

完成 PLC 程序设计并进行虚拟调试，验证滑仓系统的功能，按照验收操作进行验收，填写任务验收单 1-4。

步骤	验收操作	验收功能	自查结果	教师验收	配分	得分
①	单击仿真"播放"按钮	料筒中无物料、气缸 1 处于伸出状态、气缸 2 处于伸出状态、所有灯灭、所有按钮处于常态			2	
②	旋转"控制器开/关"打开控制器，"手动/自动模式选择"旋钮处于"手动模式"	基本位置指示灯亮			2	
		气缸 1 伸出指示灯亮			2	
		复位灯亮			2	
		气缸 1 缩回指示灯灭			2	
		手动/自动模式指示灯闪烁（1 Hz）			2	
		警示灯（绿）闪烁（2 Hz）			2	
③	按下"气缸 1 缩回"按钮	无动作			2	
④	鼠标向下拖动"GT 添加物料（金属）"	料筒中成功添加一颗金属物料			2	
⑤	按下"气缸 1 缩回"按钮	气缸 1 缩回并保持			2	
		料筒中物料顺利落下			2	
		气缸 1 伸出指示灯灭			2	
		气缸 1 缩回指示灯亮			2	
⑥	按下"气缸 1 伸出"按钮	气缸 1 伸出并保持			2	
		气缸 1 伸出指示灯亮			2	
		气缸 1 缩回指示灯灭			2	
		推料滑块将金属物料推出，滑至挡料滑块处			2	
		气缸 2 缩回后伸出			2	
		滑块顺利滑下			2	
⑦	鼠标向下拖动"GT 添加物料（非金属）"	料筒中成功添加一颗非金属物料			2	
⑧	按下"气缸 1 缩回"按钮	气缸 1 缩回，非金属物料顺利落下，气缸 1 伸出指示灯灭，气缸 1 缩回指示灯亮			2	

步骤	验收操作	验收功能	自查结果	教师验收	配分	得分
⑨	按下"气缸1伸出"按钮	气缸1伸出，气缸1伸出指示灯亮，气缸1缩回指示灯灭，推料滑块将金属物料推至滑道中，金属物料滑至挡料滑块处			2	
		气缸2不动作			2	
		警示灯（黄）闪烁（1 Hz）			2	
		添加物料后，按下"气缸1缩回"按钮无效			2	
⑩	鼠标左键拖动将非金属物料移除	添加物料后，按下"气缸1缩回"按钮有效			2	
⑪	手动模式中，任何情况按下"启动"按钮	无动作			2	
⑫	"手动/自动模式选择"旋钮旋转至"自动模式"	手动/自动模式指示灯常亮			2	
		警示灯（绿）常亮			2	
⑬	料筒内无物料，按下"启动"按钮	无动作			2	
		警示灯（黄）亮3 s后熄灭			2	
⑭	添加一颗金属物料，按下"启动"按钮	开始自动运行，按顺序执行如下过程：启动灯常亮，气缸1缩回，物料顺利从料筒内落下，气缸1伸出，物料被推至滑道，停在挡料滑块上，气缸2缩回，金属物料顺利滑下，气缸2伸出，完成一次选料，警示灯（黄）常亮			10	
⑮	添加一颗非金属物料	按顺序执行如下过程：气缸1缩回，物料顺利从料筒内落下，气缸1伸出，物料被推至滑道，停在挡料滑块上，警示灯（黄）闪烁（1 Hz）			8	
⑯	鼠标拖走挡料滑块上的物料	警示灯（黄）灭			2	
⑰	继续添加物料	滑仓系统按照自动运行程序完成选料，直至通过三颗金属物料，此时系统停止，工作完成指示灯亮，启动灯灭，返回第③步			6	
⑱	任意时刻按下"急停"按钮	所有动作立即停止，操作无效，警示灯（红）常亮，其他灯灭			4	

学习笔记

步骤	验收操作	验收功能	自查结果	教师验收	配分	得分
⑲	松开"急停"按钮	警示灯（红）灭，操作无效			4	
⑳	松开"急停"按钮后，按下"复位"按钮	复位灯亮，可正常操作			4	
合计					100	
学生签字：			教师签字：			

项目中滑仓系统通过电感式接近开关、电容式接近开关两个传感器识别金属物料与非金属物料，但无法实现自动化分拣。请在当前滑仓装置的基础上优化结构，使其能实现自动分拣金属物料与非金属物料，并完成机电概念设计，设计 PLC 程序，实现虚拟调试。

【知识回顾】

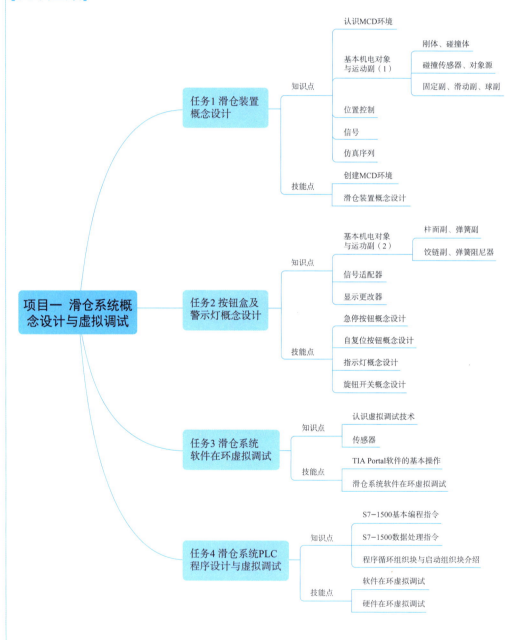

项目二 加盖拧盖单元概念设计与虚拟调试

【项目介绍】

本项目以"全国职业院校技能大赛–机电一体化项目设备的第二个工作单元"为原型进行简化设计。全国职业院校技能大赛是由中国教育部牵头发起的职业院校师生综合技能竞赛活动，大赛体现了公平竞争和规则意识，鼓励选手发挥创新精神，推动技术技能创新，强调工匠精神，培养有理想、有道德、有技能、有纪律的高素质技能人才。

如图 2-1 所示为加盖拧盖单元自动化产线的简化模型，装有颗粒料的瓶身被输送带输送到加盖机构区域，加盖定位装置将瓶子固定，加盖机构启动加盖流程，将瓶盖添加到瓶身上，加盖完成后加盖定位装置复位；加盖完成的瓶子将继续被输送到拧盖机构区域，拧盖定位装置将瓶子固定，拧盖机构启动拧盖流程，将瓶盖拧紧，拧盖完成后拧盖定位装置复位。

【实施计划】

该项目可分三部分完成，各部分阶段性任务为：

任务 1 传送带机构概念设计与虚拟调试

完成传送带机构的概念设计模型，建立传送带机构中的输入/输出信号映射，完成传送带机构的虚拟调试。

任务 2 加盖机构概念设计与虚拟调试

完成加盖机构的概念设计模型，并模拟加盖流程进行虚拟调试。

任务 3 加盖拧盖单元概念设计与虚拟调试

完成拧盖机构的概念设计，根据加盖拧盖单元产线的功能要求，完成 PLC 程序设计，并进行虚拟调试验证程序功能。

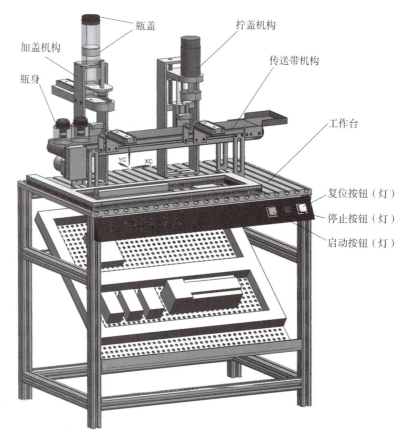

瓶盖

拧盖机构

加盖机构

传送带机构

瓶身

工作台

复位按钮（灯）

停止按钮（灯）

启动按钮（灯）

图 2-1 加盖拧盖单元自动化产线简化模型

任务 1　传送带机构概念设计与虚拟调试

任务描述

图 2-1-1 所示为传送带机构，直流电动机通过同步带带动传送带运行，有一瓶身位于传送带起点，传送带运行后能跟随传送带运动，具体任务要求如下：

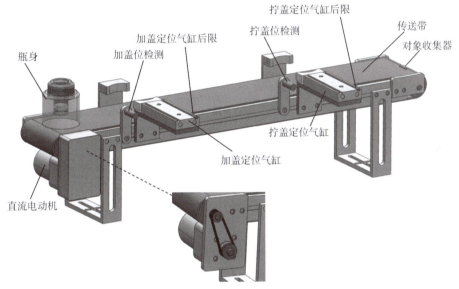

瓶身　　加盖位检测　　加盖定位气缸后限　　拧盖位检测　　拧盖定位气缸后限　　传送带　　对象收集器

拧盖定位气缸

加盖定位气缸

直流电动机

图 2-1-1　传送带机构模型

①完成传送带机构的概念设计。

②编写 PLC 控制程序。

③实现传送带机构的虚拟调试。

功能要求为：

①仿真开始后，若机构处于初始状态（加盖定位气缸缩回、拧盖定位气缸缩回），传送带启动。

②起始端每隔 20 s 产生一个瓶身。

③瓶身在通过加盖位检测传感器后，被加盖定位气缸夹紧，传送带停止。

④2 s 后加盖定位气缸松开，瓶身继续随传送带运动。

⑤瓶身在通过拧盖位检测传感器后，被拧盖定位气缸夹紧，传送带停止。

⑥5 s 后加盖定位气缸松开，瓶身继续随传送带运动。

⑦当瓶身碰到传送带末端的对象收集器时消失。

1. 知识目标

①理解碰撞材料、对象收集器、传输面命令的概念，并掌握其创建方法。

②掌握传送带机构的机电概念设计操作步骤。

2. 技能目标

①完成传送带机构的机电概念设计。

②完成传送带机构的PLC程序设计并进行虚拟调试。

3. 素养目标

培养新技术的学习能力，提升数字化素养。

知识链接

基本机电对象与运动副（3）

（一）碰撞材料

1. 碰撞材料的概念

碰撞材料（Change Material）用来定义一个新的材料属性，主要包括动摩擦系数、静摩擦系数、滚动摩擦系数以及恢复系数等材料属性。使用不同的碰撞材料，将会使碰撞体、传输面等产生不同的运行行为。

2. 打开"碰撞材料"对话框

创建碰撞材料与创建其他对象一样，有三种创建方法：使用菜单命令创建、使用工具栏命令创建以及在带条导航器中创建。本次使用工具栏命令创建碰撞材料，具体操作步骤如下：

如图2-1-2所示，单击工具栏中的"碰撞材料"命令，弹出"碰撞材料"对话框。

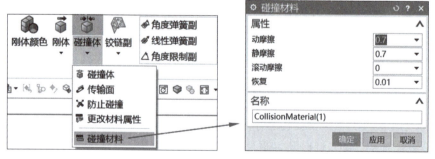

图 2-1-2 "碰撞材料"对话框

"碰撞材料"对话框中各选项的含义见表2-1-1。

表 2-1-1 "碰撞材料"对话框中各选项的含义

序号	选项	描述
1	动摩擦	物体的滑动摩擦系数
2	静摩擦	物体的静摩擦系数
3	滚动摩擦	物体的滚动摩擦系数
4	恢复	材料吸收能量或者反射能量的系数
5	名称	定义碰撞材料的名称

3. 实战演练

见本节中"任务实施"部分。

（二）对象收集器

1. 对象收集器的概念

与对象源的作用相反，对象收集器（Object Sink）能够收集对象源生成的对象（当对象源生成的对象与对象收集器发生碰撞时，就会消除这个对象）。

2. 打开"对象收集器"对话框

如图 2-1-3 所示，单击工具栏中的"对象收集器"命令，弹出"对象收集器"对话框。

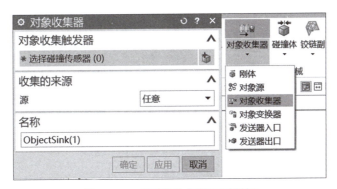

图 2-1-3 "对象收集器"对话框

"对象收集器"对话框中各选项的含义见表 2-1-2。

表 2-1-2 "对象收集器"对话框中各选项的含义

序号	选项	描述
1	选择碰撞传感器	当选定的碰撞传感器发生碰撞时，碰撞的对象源消失
2	源	有任意和仅选定项两个选项： ①任意：收集任何对象源生成的对象； ②仅选定项：只收集指定对象源生成的对象
3	名称	定义对象收集器的名称

3. 实战演练

见本节中"任务实施"部分。

（三）传输面

1. 传输面的概念

传输面（Transport Surface）属于执行器的一种，是具有将所选平面转化为"传送带"特征的一种机电"执行器"。当有物体放置在传输面上时，此物体将会按照指定的速度与方向跟随传输面运动。

传输面的运动可以是直线，也可以是圆，可根据需求进行设定。

传输面必须是一个平面且为碰撞体，即需要其与碰撞体配合使用，并且一一对应。

2. 打开"传输面"对话框

传输面的创建有三种方法：使用菜单命令创建、使用工具栏命令创建以及在带条导航器中创建。

本案例中使用带条导航器进行创建，如图2-1-4所示，选择"机电导航器"，右键单击导航器中的"传感器与执行器"选项，在弹出的菜单中单击"创建机电对象"命令，单击"传输面"命令，弹出"传输面"对话框。

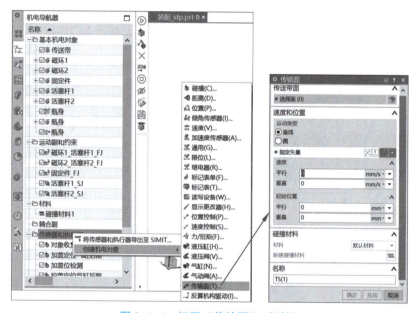

图2-1-4 打开"传输面"对话框

"传输面"的运动类型包括"直线"和"圆"两种，其各选项的含义见表2-1-3和表2-1-4。

表2-1-3 "传输面"对话框中各选项的含义（直线）

序号	选项	描述
1	选择面	选择一个平面作为传输面
2	运动类型	这里选择为"直线"（图2-1-4）
3	指定矢量	指定传输面的传输方向
4	速度（平行）	指定在传输方向上的速度大小

序号	选项	描述
5	速度（垂直）	指定在垂直于传输方向上的速度大小
6	碰撞材料	为传输面指定一种碰撞材料
7	名称	定义传输面的名称

表 2-1-4 "传输面"对话框中各选项的含义（圆）

序号	选项	描述
1	选择面	选择一个平面作为传输面
2	运动类型	这里选择为"圆"（图 2-1-5）
3	中心点	选择一个点作为"圆"运动的圆心
4	中间半径	圆弧运动的中间半径
5	中间速度	圆弧运动的中间速度
6	起始位置	圆弧运动起始位置的数据
7	碰撞材料	为传输面指定一种碰撞材料
8	名称	定义传输面的名称

图 2-1-5 "传输面"对话框（运动类型"圆"）

3. 实战演练

见本节中"任务实施"部分。

（四）对象变换器

1. 对象变换器的概念

对象变换器（Object Transformer）的作用是模拟 NX MCD 中运动对象外观的改变，如模拟待加工物料与加工成品之间的外形变化。

在使用过程中，需要建立两个三维模型，分别用于表示变换之前的模型和变换之后的模型。需要设置一个碰撞传感器作为触发事件，当传感器检测到碰撞发生时，就触发对象变换，使物料外形发生改变。

2. 实战演练

（1）进入"对象变换器"练习的 MCD 环境

用 NX 打开源文件（文件夹"拓展知识"→"对象变换器"→"对象变换器_装配"），并进入 MCD 环境，如图 2-1-6 所示

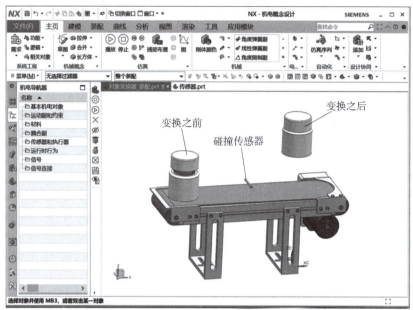

图 2-1-6　进入"对象变换器"练习 MCD 环境

（2）创建对象变换器之前需要进行的操作

①将变换之前及变换之后的瓶子定义为刚体。

②将变换之前及变换之后的瓶子定义为碰撞体。

③定义变换之前的瓶子为对象源（触发方式：基于时间）。

④定义传送带上表面为碰撞体（碰撞形状：方块）。

⑤创建传送带上表面为传输面。

⑥创建碰撞传感器。

（3）创建对象变换器

完成以上操作后，打开"对象变换器"对话框，如图 2-1-7 所示。

"对象变换器"对话框中各个选项的含义见表 2-1-5。

表 2-1-5　"对象变换器"对话框中各个选项的含义

序号	选项	描述
1	选择碰撞传感器	选择一个碰撞传感器，作为变换的触发条件
2	变换源	有"任意"和"仅选定的"两个选项： ①任意：变换任何对象源生成的对象； ②仅选定的：只变换指定的对象源生成的对象
3	选择刚体	选择变换之后的刚体
4	每次激活时执行一次	勾选后，激活一次只执行一次就失效，再次激活才能再执行一次
5	名称	定义对象变换器的名称

图 2-1-7　打开"对象变换器"对话框

在"对象变换器"对话框中，进行如图 2-1-8 所示操作。

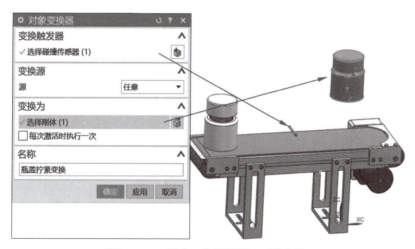

图 2-1-8　创建"瓶盖拧紧"对象变换

3. 仿真运行

单击仿真"播放"按钮，可发现"未旋紧的瓶子"碰撞到碰撞传感器后，变换为"已旋紧的瓶子"，如图 2-1-9 所示。

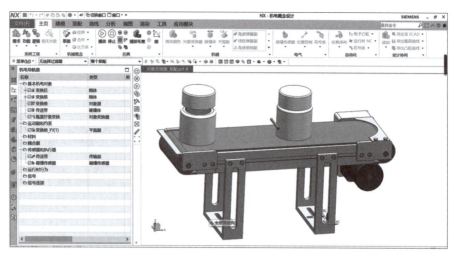

图 2-1-9 仿真运行——对象变换器

任务实施

一、进入传送带机构 MCD 环境

进入传送带
机构 MCD 环境

用 NX 打开源文件（文件夹"2-1 传送带机构概念设计与虚拟调试"中的"装配"），并进入 MCD 环境，若发现瓶身部分没有透明显示，则需要对模型的显示进行修改，如图 2-1-10 所示。

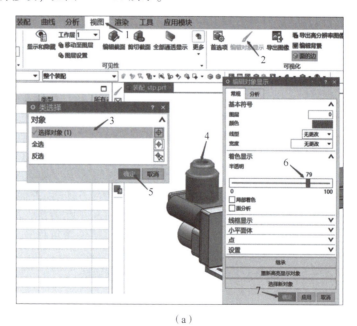

（a）

图 2-1-10 进入传送带机构 MCD 环境

（a）更改为透明显示

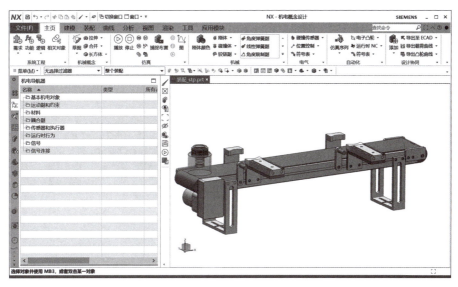

（b）

图 2-1-10　进入传送带机构 MCD 环境（续）

（b）更改透明显示后的模型

创建基本机电对象与
运动副、创建传输面

二、定义传送带机构基本机电对象与运动副

传送带机构中，需要定义的基本机电对象有：刚体、碰撞体、碰撞传感器、碰撞材料、对象源、对象收集器；需要定义的运动副有：固定副、滑动副。

1. 定义刚体

将传送带机构中的实体分别定义为刚体。

（1）定义刚体——瓶身

将瓶身（包含瓶内的 3 个颗粒）定义为刚体，如图 2-1-11 所示。

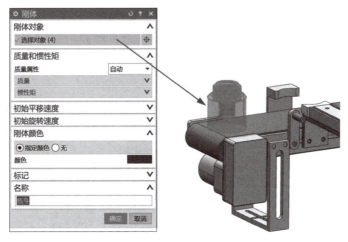

图 2-1-11　定义刚体——瓶身

（2）定义刚体——固定件

将传送带机构中固定不动的部分全部定义为同一个刚体——固定件，如图 2-1-12 所示。

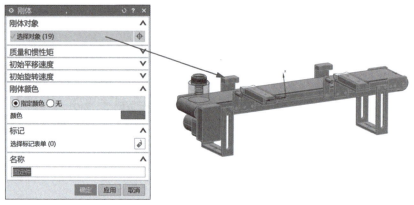

图 2-1-12　定义刚体——固定件

（3）定义刚体——气缸活塞杆

传送带机构中，使用了两个双杆气缸（简化模型）做定位用，分别将两个活塞杆定义为刚体，命名为"活塞杆 1"（图 2-1-13）和"活塞杆 2"（图 2-1-14）。

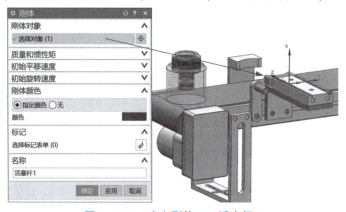

图 2-1-13　定义刚体——活塞杆 1

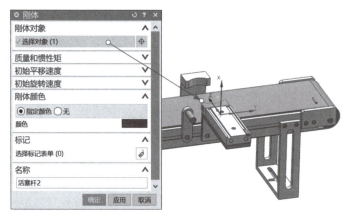

图 2-1-14　定义刚体——活塞杆 2

（4）定义刚体——磁环

气缸活塞杆的活塞上有磁环，磁环与活塞固连，当磁环靠近磁性开关时，磁性开关动作。因此，能通过磁性开关的信号来判断气缸活塞杆的状态。

将两个气缸的缸体部分隐藏（过滤器需选择为"实体"），分别定义两个气缸上的磁环为刚体，命名为"磁环1"（图2-1-15）和"磁环2"（图2-1-16）。

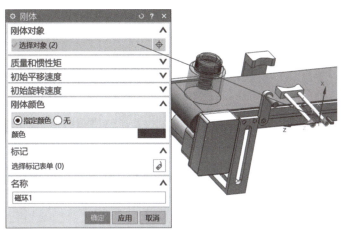

图2-1-15　定义刚体——磁环1

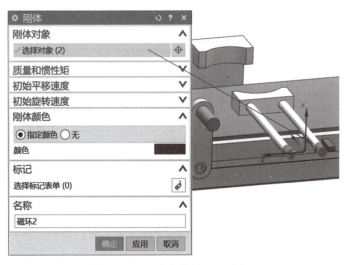

图2-1-16　定义刚体——磁环2

传送带机构定义完刚体后，如图2-1-17所示。

2. 定义固定副

①将刚体"固定件"与大地之间定义为固定副，如图2-1-18所示。

②将两个气缸的缸体部分隐藏，磁环1、磁环2分别与对应的活塞杆之间定义为固定副，如图2-1-19、图2-1-20所示。

定义完固定副后，将所有实体显示出来。

图 2-1-17　定义传送带机构刚体属性

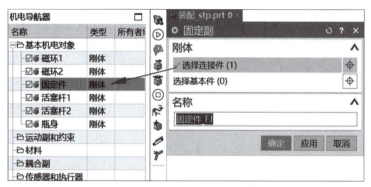

图 2-1-18　定义固定副"固定件_FJ"

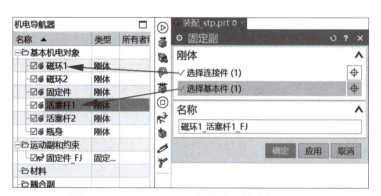

图 2-1-19　定义固定副"磁环 1_活塞杆 1_FJ"

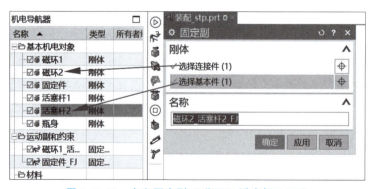

图 2-1-20　定义固定副"磁环 2_活塞杆 2_FJ"

3. 定义滑动副

传送带机构中，气缸的活塞杆与缸体之间为滑动副，仿真时需定义活塞杆与固定件（或大地）之间为滑动副，滑动副方向沿活塞杆轴向，设置上限为 80 mm，下限为 0，如图 2-1-21、图 2-1-22 所示。

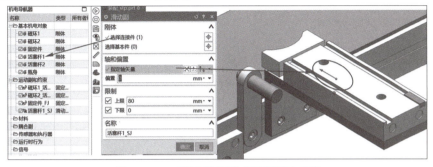

图 2-1-21　定义滑动副"活塞杆 1_SJ"

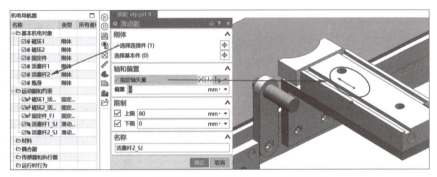

图 2-1-22　定义滑动副"活塞杆 2_SJ"

4. 定义碰撞体

在传送带机构中，需要定义碰撞体的实体有瓶身、传送带上表面、两个磁环、定位气缸夹瓶位。

（1）定义碰撞体——瓶身

在本案例中，整个瓶身可简化成碰撞形状为"圆柱"的碰撞体，如图 2-1-23 所示。

图 2-1-23　定义碰撞体——瓶身

（2）定义碰撞体——传送带

传送带与瓶身接触，为保证仿真效果，创建碰撞体时，应选择碰撞形状为"方块"，如图2-1-24所示。

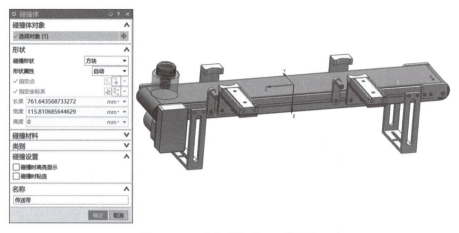

图 2-1-24　定义碰撞体——传送带

（3）定义碰撞体——磁环

将两个磁环分别定义为碰撞体，碰撞形状为"圆柱"，如图2-1-25所示。

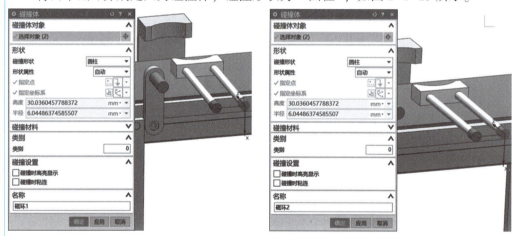

图 2-1-25　定义碰撞体——磁环

（4）定义碰撞体——夹瓶位

两个定位气缸需将瓶身夹住，因此，在夹瓶位（共4处）需定义为碰撞体，碰撞形状选择"网格面"，如图2-1-26所示。

5. 定义碰撞传感器

传送带机构中有两个光纤传感器（加盖位检测、拧盖位检测）、两个磁性开关（加盖定位气缸后限、拧盖定位气缸后限），均可用碰撞传感器进行模拟仿真。

（1）定义碰撞传感器——光纤传感器

定义加盖位检测、拧盖位检测传感器，如图2-1-27所示。

（2）定义碰撞传感器——磁性开关

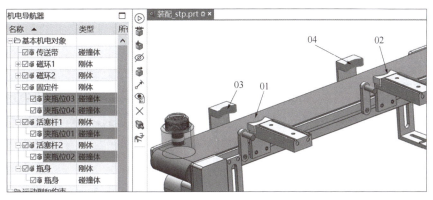

图 2-1-26　定义碰撞体——夹瓶位

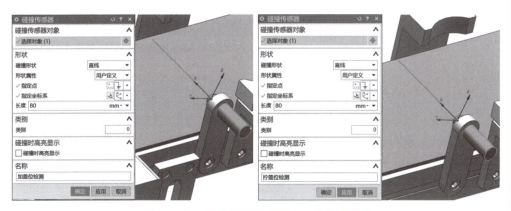

图 2-1-27　定义碰撞传感器——光纤传感器

定义加盖定位气缸后限、拧盖定位气缸后限传感器时，需保证传感器能碰到磁环，如图 2-1-28 所示。

图 2-1-28　定义碰撞传感器——磁性开关

6. 创建对象源

以"瓶身"为对象创建对象源，如图 2-1-29 所示。

7. 修改碰撞材料属性

传送带机构中，瓶身在被定位气缸夹住固定时，夹持位处的碰撞体与瓶身会产生相对移动以保证瓶身被夹在中间位置，所以需对"碰撞材料"的属性进行修改。

先创建"碰撞材料 1"（图 2-1-30），然后双击需要修改的碰撞体，按照图 2-1-31 所示方法分别修改碰撞体（夹瓶位 01、夹瓶位 02、夹瓶位 03、夹瓶位 04）的碰撞材料为"碰撞材料 1"。

图 2-1-29　创建对象源

图 2-1-30　创建"碰撞材料 1"　　　　图 2-1-31　修改碰撞体的碰撞材料

8. 创建对象收集器

在传送带机构中，当瓶身走到行程末端时需要对瓶身进行收集。具体操作步骤如下：

①创建"对象收集器"时，需先定义该实体为"碰撞传感器"，如图 2-1-32 所示。

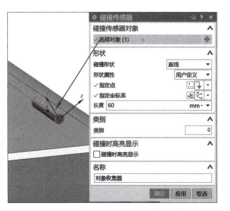

图 2-1-32　定义碰撞传感器

②如图 2-1-33 所示，单击工具栏中的"对象收集器"命令，弹出"对象收集器"对话框，选择碰撞传感器"对象收集器"。

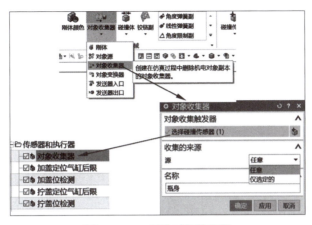

图 2-1-33　创建对象收集器

三、创建传输面

1. 操作过程

传送带由直流电动机通过同步带驱动，在这里使用传输面来模拟传送带的运动。定义传送带上表面为"传输面"，运动类型为"直线"，矢量方向沿着传送带方向，相关参数如图 2-1-34 所示。

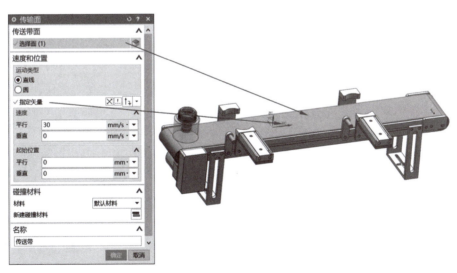

图 2-1-34　创建传送带

2. 仿真运行

单击仿真"播放"命令，可观察到瓶身随传送带运行，并且每隔 20 s 产生一个瓶身，当瓶身运动到传送带终点，碰到对象收集器时消失。

四、创建位置控制、创建信号

创建位置控制、
创建信号

1. 创建位置控制

本案例中的两个定位气缸需要创建位置控制。

在创建"加盖定位气缸"和"拧盖定位气缸"的位置控制时，需限制气缸的伸出与缩回的力，如图 2-1-35 和图 2-1-36 所示。

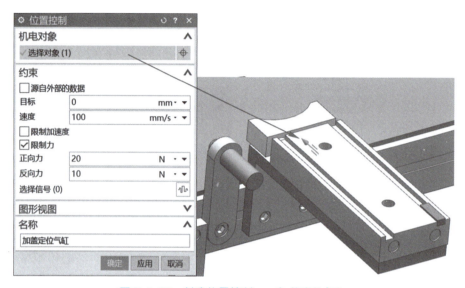

图 2-1-35　创建位置控制——加盖定位气缸

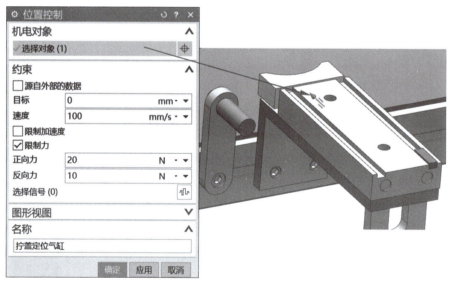

图 2-1-36　创建位置控制——拧盖定位气缸

2. 创建信号

本案例中，需要创建 MCD 输出信号及 MCD 输入信号，操作过程如下：

（1）创建 MCD 输出信号（PLC 输入信号）

需要创建的 MCD 输出信号有：加盖位检测、拧盖位检测、加盖定位气缸后限、拧盖定位气缸后限。操作过程如图 2-1-37 所示（以加盖位检测信号为例）。

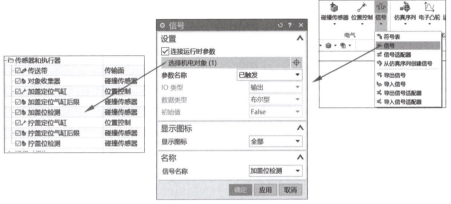

图 2-1-37　创建传送带机构的 MCD 输出信号

（2）创建 MCD 输入信号（PLC 输出信号）

需要创建的 MCD 输入信号有：加盖定位气缸电磁阀、拧盖定位气缸电磁阀、传送带启停。使用信号适配器创建信号的操作过程如图 2-1-38 所示

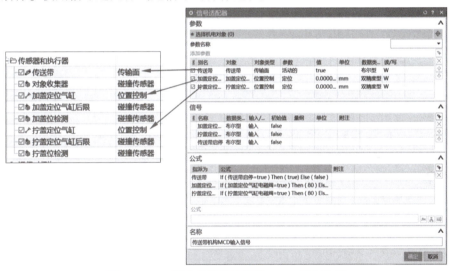

图 2-1-38　创建传送带机构的 MCD 输入信号

所有信号创建完成后，如图 2-1-39 所示。

信号	
传送带机构MCD输入信号	信号适配器
传送带启停	信号
加盖定位气缸电磁阀	信号
拧盖定位气缸电磁阀	信号
加盖定位气缸后限	信号
加盖位检测	信号
拧盖定位气缸后限	信号
拧盖位检测	信号

图 2-1-39　传送带机构的 MCD 信号

五、传送带机构虚拟调试

参考项目一中的相关内容，完成传送带机构的软件在环虚拟调试或硬件在环虚拟调试。

读者可根据需要直接打开已完成的 MCD 设计的源文件（文件夹"2-1 传送带机构概念设计与虚拟调试-OK"中的"装配"），并进入 MCD 环境，完成传送带机构的 PLC 程序设计及虚拟调试。

任务验收

完成传送带机构的 PLC 程序设计并进行虚拟调试，按照任务验收单 2-1 验收传送带机构的功能。

任务验收单 2-1

步骤	功能要求	自查结果	教师验收	配分	得分
①	单击仿真"播放"按钮，机构处于初始状态			5	
②	传送带带动瓶身开始运行。运行方向正确，运动稳定			10	
③	瓶身在通过加盖位检测传感器后，被加盖定位气缸夹紧，传送带停止运行			15	
④	加盖定位气缸夹紧 2 s 后松开，瓶身继续随传送带运动			15	
⑤	瓶身在通过拧盖位检测传感器后，被拧盖定位气缸夹紧，传送带停止			15	
⑥	拧盖定位气缸夹紧 5 s 后松开，瓶身继续随传送带运动			15	
⑦	当瓶身碰到传送带末端的对象收集器时消失			15	
⑧	每隔 20 s 在传送带起点产生一个瓶身，并重复实现步骤②~⑦			10	
合计				100	
学生签字：			教师签字：		

任务2 加盖机构概念设计与虚拟调试

任务描述

　　如图 2-2-1 所示的设备，在本项目任务 1（传送带机构）的基础上增加了加盖机构（图 2-2-2）。瓶身被加盖定位气缸定位后，由加盖机构完成加盖流程。在传送带尾端增加了托盘结构，用来收集加盖完成的瓶子。

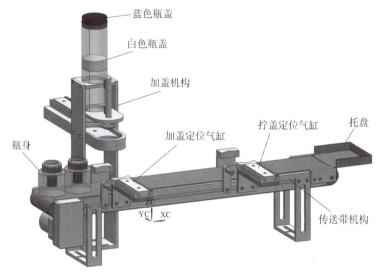

图 2-2-1　传送带机构+加盖机构

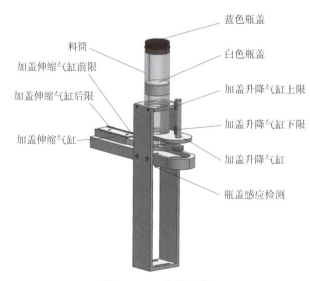

图 2-2-2　加盖机构

任务要求：

①完成加盖机构的概念设计。

②编写 PLC 控制程序。

③完成加盖机构的虚拟调试。

加盖机构功能要求（加盖流程）：

①仿真开始后，若机构处于初始状态（加盖定位气缸缩回、拧盖定位气缸缩回、加盖伸缩气缸缩回、加盖升降气缸缩回），传送带启动。

②瓶身在通过加盖位检测传感器后，被加盖定位气缸夹紧，传送带停止。

③检测到有瓶盖，加盖伸缩气缸伸出，将瓶盖推出。

④加盖升降气缸伸出，将瓶盖压下。

⑤加盖升降缸缩回。

⑥加盖伸缩气缸缩回。

⑦瓶盖与瓶身装配好后，加盖定位气缸缩回，传送带启动。

⑧瓶子在通过拧盖位检测传感器后，被拧盖定位气缸夹紧，传送带停止。

⑨5 s 后加盖定位气缸松开，瓶身继续随传送带运送至托盘。

⑩第一个瓶身在经过拧盖位检测时，第二个瓶身开始随传送带运行，重复步骤②~⑨。

学习目标

1. 知识目标

①理解平面副、断开约束的概念，并掌握其创建方法。

②掌握加盖机构的机电概念设计操作步骤。

2. 技能目标

①完成加盖机构的机电概念设计。

②根据具体任务设计 PLC 程序，并进行虚拟调试，提高 PLC 程序设计能力、新技术应用能力。

3. 素养目标

①养成严谨认真的工作态度。

②培养创新意识。

知识链接

一、基本机电对象与运动副（4）

（一）平面副

1. 平面副的概念

平面副（Planar Joint）提供了两个平移自由度和一个旋转自由度。它连接的物体可以在相互接触的平面上自由滑动，也可以绕垂直于该平面的轴旋转。创建平面副时，所定义的原点和矢量方向共同决定了接触平面。

2. 打开"平面副"对话框

如图 2-2-3 所示，打开"平面副"对话框。

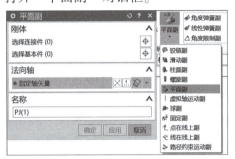

图 2-2-3 打开"平面副"对话框

"平面副"对话框中各个选项的含义见表 2-2-1。

表 2-2-1 "平面副"对话框中各选项的含义

序号	选项	含义
1	选择连接件	选择需要被平面副约束的刚体
2	选择基本件	选择连接件所连接的刚体，不选择则表示连接件与大地形成平面副
3	指定轴矢量	指定垂直于连接两个实体的平面矢量
4	名称	为平面副命名

3. 实战演练

见本节中"任务实施"部分。

（二）点在线上副

1. 点在线上副的概念

点在线上副（Point On Curve Joint）可以使运动对象上的一点始终沿着一条曲线移动。点可以是基点或者元件中的一点，曲线可以是草图中的曲线，也可以是空间上的曲线。

2. 实战练习

①进入"点在线上副"练习的 MCD 环境。用 NX 打开源文件（文件夹"拓展知识"→"点在线上副"→"点在线上副"），并进入 MCD 环境，如图 2-2-4 所示。

②将图 2-2-4 中的小球定义为刚体。

③定义点在线上副。如图 2-2-5 所示定义点在线上副，选择连接件为小球，然后选择曲线及小球圆心。

④仿真运行。单击仿真"播放"按钮，可发现"小球"只能在椭圆曲线上运动。

（三）路径约束运动副

1. 路径约束运动副的概念

路径约束运动副（Path Constraint）是指让工件按照指定的坐标系或者指定的曲线运动。

2. 实战演练

①进入"路径约束运动副"练习的 MCD 环境。用 NX 打开源文件（文件夹"拓展知识"→"路径约束运动副"→"路径约束运动副"），并进入 MCD 环境，如图 2-2-6 所示。

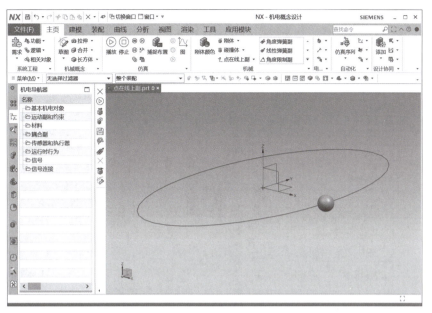

图 2-2-4　进入"点在线上副"练习的 MCD 环境

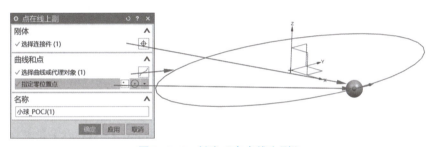

图 2-2-5　创建"点在线上副"

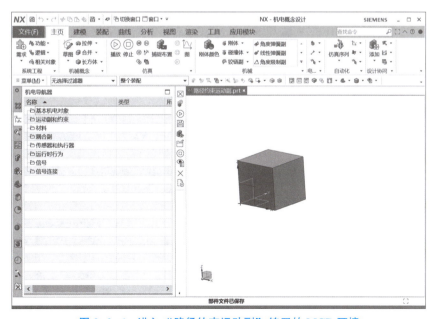

图 2-2-6　进入"路径约束运动副"练习的 MCD 环境

②创建路径约束运动副。如图 2-2-7 所示，创建路径约束运动副，路径类型可以选择基于曲线或基于坐标系（案例中为基于坐标系），指定若干点和该点的坐标系。

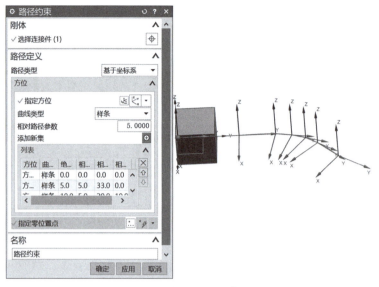

图 2-2-7 创建"路径约束运动副"

③仿真运行。单击仿真"播放"按钮，可发现"方块"只能在规定的路径上运动。

二、断开约束

1. 断开约束的概念

断开约束（Breaking Constraint）设置了指定运动副上的最大力或者最大扭矩，当所受到的力或扭矩大于最大值时，约束将会失去作用。

2. 打开"断开约束"对话框

断开约束的创建方法有三种：使用菜单命令创建、使用工具栏命令创建以及在带条导航器中创建。

本案例中在带条导航器中创建，如图 2-2-8 所示。

图 2-2-8 创建"断开约束"

"断开约束"对话框中各个选项的含义见表 2-2-2。

表 2-2-2　"断开约束"对话框中各个选项的含义

序号	选项	描述
1	选择对象	选择一个运动副
2	断开模式	可选择"力"或"扭矩"两种模式
3	最大幅值	设置最大值
4	方向	指定最大值的方向
5	名称	定义断开约束的名称

3. 实战演练

见本节中"任务实施"部分。

进入加盖
机构 MCD 环境

一、进入加盖机构 MCD 环境

用 NX 打开源文件（文件夹"2-2 加盖机构概念设计与虚拟调试"中的"装配"），并进入 MCD 环境，此源文件中已完成了"传送带机构"部分的概念设计（与任务一的区别在于：增加了瓶身 2，删去了对象源、对象收集器），如图 2-2-9 所示（若发现料筒、瓶身没有透明显示，可按照图 2-1-10（a）所示步骤进行设置）。

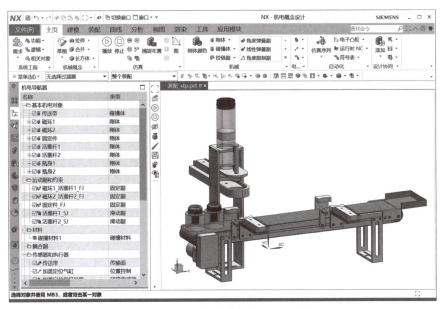

图 2-2-9　进入加盖机构 MCD 环境

二、定义加盖机构基本机电对象与运动副

加盖机构中，需要定义的基本机电对象包括：刚体、碰撞体、碰撞传感器；需要定义的运动副包括：固定副、滑动副、平面副。

定义加盖机构基本
机电对象与运动副

1. 定义刚体

（1）定义刚体——加盖机构固定件

将加盖机构固定件定义为刚体，如图 2-2-10 所示。

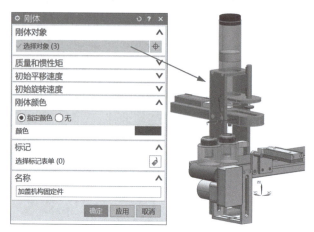

图 2-2-10　定义刚体——加盖机构固定件

（2）定义刚体——气缸活塞杆

加盖机构中，有两个气缸，分别为"加盖伸缩气缸"和"加盖升降气缸"，分别将两个活塞杆定义为刚体，命名为"活塞杆 3"（图 2-2-11）和"活塞杆 4"（图 2-2-12）。

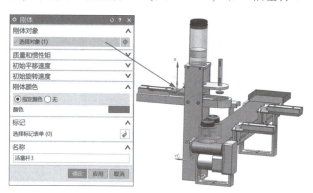

图 2-2-11　定义刚体——活塞杆 3

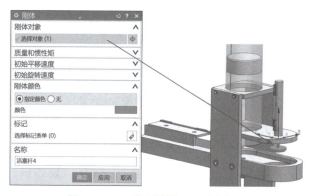

图 2-2-12　定义刚体——活塞杆 4

（3）定义刚体——磁环

气缸活塞杆上有磁环（简化模型），磁环与活塞固连，当磁环靠近磁性开关时，磁性开关动作。因此，能通过磁性开关的信号来判断气缸活塞杆的状态。

将两个气缸的缸体部分隐藏（过滤器需选择为"实体"），分别定义两个气缸上的磁环为刚体，命名为"磁环3"和"磁环4"（图2-2-13）。

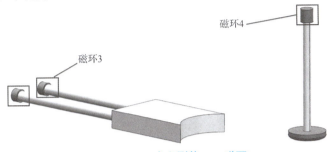

图 2-2-13　定义刚体——磁环

（4）定义刚体——瓶盖

分别定义两个瓶盖为刚体，命名为"蓝色瓶盖"（图2-2-14）和"白色瓶盖"（图2-2-15）。

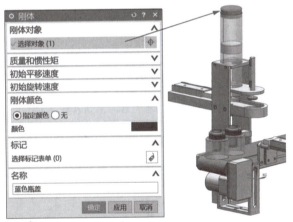

图 2-2-14　定义刚体——蓝色瓶盖

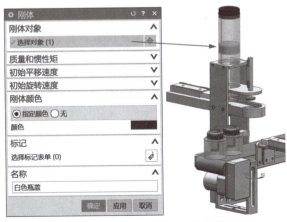

图 2-2-15　定义刚体——白色瓶盖

2. 定义固定副

①将刚体"加盖机构固定件"与大地之间定义为固定副，如图 2-2-16 所示。

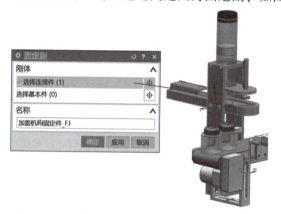

图 2-2-16　定义固定副"加盖机构固定件_FJ"

②将两个气缸的缸体部分隐藏，磁环 3、磁环 4 分别与对应的活塞杆之间定义为固定副，如图 2-2-17、图 2-2-18 所示。

图 2-2-17　定义固定副"磁环 3_活塞杆 3_FJ"

图 2-2-18　定义固定副"磁环 4_活塞杆 4_FJ"

定义完固定副后，将所有实体及片体显示出来。

3. 定义滑动副

加盖机构中，气缸的活塞杆与缸体之间为滑动副，仿真时需定义活塞杆与固定件（或大地）之间为滑动副，滑动副方向沿活塞杆轴向，如图 2-2-19、图 2-2-20 所示。

4. 定义碰撞体

在加盖机构中，需要定义碰撞体的实体有瓶盖、活塞杆 3 前端的推料块 3、活塞杆 4 前端的推料块 4、凹槽上边沿、料筒侧壁、托盘以及磁环，操作过程如下：

（1）定义碰撞体——瓶盖

在本案例中，整个瓶盖可简化成碰撞形状为"圆柱"的碰撞体，由于瓶盖的相

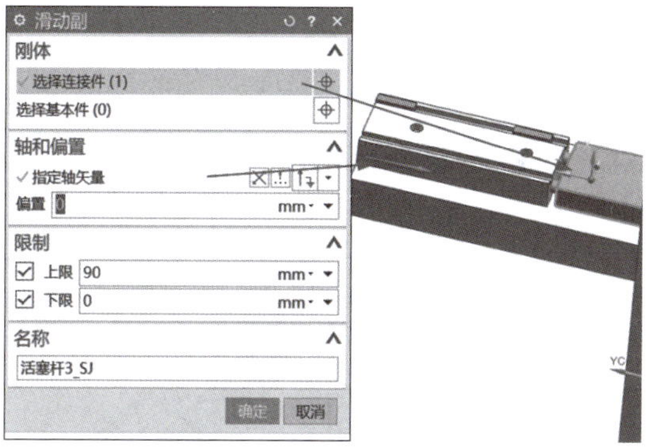

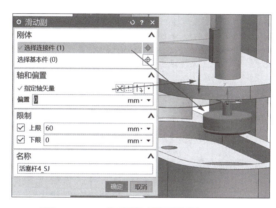

图 2-2-19　定义滑动副"活塞杆 3_ SJ"

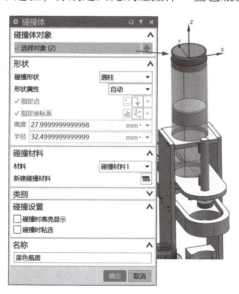

图 2-2-20　定义滑动副"活塞杆 4_SJ"

对运动容易被卡住，将碰撞材料选择为"碰撞材料 1（摩擦系数小）"。

按照图 2-2-21 所示过程，分别定义完成碰撞体"蓝色瓶盖""白色瓶盖"。

图 2-2-21　定义碰撞体——瓶盖

（2）定义碰撞体——推料块

将推料块周边定义为碰撞体，碰撞形状选择"网格面"，材料选择"碰撞料1"，如图2-2-22、图2-2-23所示。

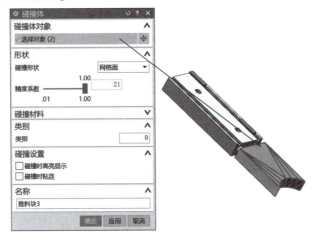

图 2-2-22　定义碰撞体——推料块 3

图 2-2-23　定义碰撞体——推料块 4

（3）定义碰撞体——凹槽边沿

加盖机构的推瓶盖处有环形凹槽，为模拟凹槽对瓶盖的限制作用，需要在凹槽边沿定义碰撞体，如图2-2-24所示。

（4）定义碰撞体——料筒侧壁

料筒内装有白色瓶盖与蓝色瓶盖，需将料筒内壁定义为碰撞体，碰撞形状选择"网格面"，材料选择"碰撞材料1"，如图2-2-25所示。

（5）定义碰撞体——托盘

托盘用来收集加盖完成的瓶子，位于传送带尾端，将其内部表面定义为碰撞体，碰撞形状选择"网格面"，如图2-2-26所示。

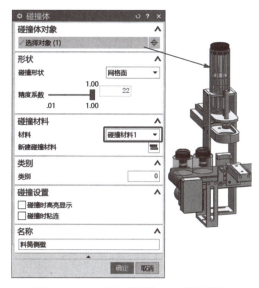

图 2-2-24　定义碰撞体——凹槽边沿

图 2-2-25　定义碰撞体——料筒侧壁

图 2-2-26　定义碰撞体——托盘

项目二　加盖拧盖单元概念设计与虚拟调试　■　147

（6）定义碰撞体——磁环

按照图 2-1-25 所示方法，将活塞杆 3 和活塞杆 4 中的两个磁环分别定义为碰撞体。

5. 定义碰撞传感器

传送带机构中有 4 个磁性开关（加盖伸缩气缸前限、加盖伸缩气缸后限、加盖升降气缸上限、加盖升降气缸下限）和 1 个接近开关（瓶盖感应检测），均可用碰撞传感器进行模拟仿真。

（1）定义碰撞传感器——磁性开关

定义加盖伸缩气缸前限、加盖伸缩气缸后限、加盖升降气缸上限、加盖升降气缸下限 4 个磁性开关为碰撞传感器时，需保证活塞杆运动过程中，其对应的传感器能碰到磁环。图 2-2-27 所示为定义碰撞传感器"加盖升降气缸上限"的过程，请按照此过程完成 4 个磁性开关对应的碰撞传感器，完成后如图 2-2-28 所示。

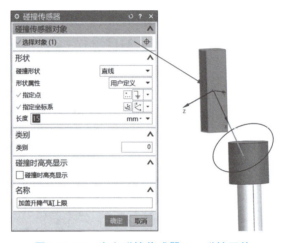

图 2-2-27　定义碰撞传感器——磁性开关

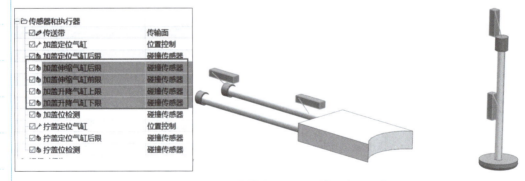

图 2-2-28　定义碰撞传感器——磁性开关（完成）

（2）定义碰撞传感器——瓶盖感应检测

瓶盖感应检测传感器，用来检测料筒是否有物料，使用碰撞传感器来模拟"瓶盖感应检测"传感器，如图 2-2-29 所示。

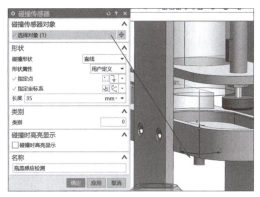

图 2-2-29 定义碰撞传感器——瓶盖感应检测

6. 创建平面副

（1）操作过程

在加盖机构中，瓶盖落入凹槽处时，其运动受到限制，为了更好地模拟其移动的流畅性，分别在两个瓶盖与地面间创建为平面副，如图 2-2-30 所示。

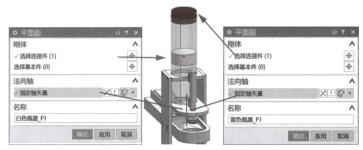

图 2-2-30 创建平面副

（2）仿真运行

单击仿真"播放"按钮，可观察到蓝色瓶盖与白色瓶盖均不动作，这是平面副与料筒共同作用的结果。

三、创建位置控制、信号及仿真序列

1. 创建位置控制

本案例中的两个气缸需要创建位置控制，创建"加盖伸缩气缸"和"加盖升降气缸"的位置控制，如图 2-2-31、图 2-2-32 所示。

创建位置控制、信号及仿真序列

2. 创建信号

本案例中，需要创建 MCD 输出信号、MCD 输入信号，操作过程如下：

（1）创建 MCD 输出信号（PLC 输入信号）

需要创建的 MCD 输出信号有：瓶盖感应检测、加盖伸缩气缸前限、加盖伸缩气缸后限、加盖升降气缸上限、加盖升降气缸下限。按照图 2-1-37 所示方法创建加盖机构的 MCD 输出信号。

（2）创建 MCD 输入信号（PLC 输出信号）

需要创建的 MCD 输入信号有：加盖伸缩气缸电磁阀、加盖升降气缸电磁阀。按照图 2-2-33 所示方法创建加盖机构的 MCD 输入信号。

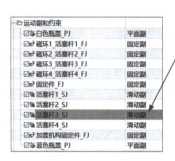
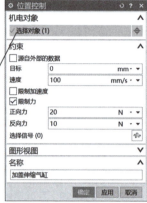

图 2-2-31　创建位置控制——加盖伸缩气缸

图 2-2-32　创建位置控制——加盖升降气缸

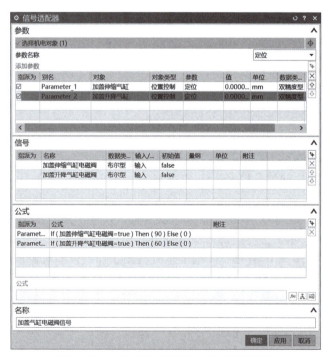

图 2-2-33　创建加盖机构 MCD 输入信号

信号创建完成后，如图 2-2-34 所示。

信号	
⊞ ☑ 📶 传送带机构MCD输入信号	信号适配器
☑ 📶 加盖定位气缸后限	信号
⊟ ☑ 📶 加盖气缸电磁阀信号	信号适配器
☑ 📶 加盖伸缩气缸电磁阀	信号
☑ 📶 加盖升降气缸电磁阀	信号
☑ 📶 加盖伸缩气缸后限	信号
☑ 📶 加盖伸缩气缸前限	信号
☑ 📶 加盖升降气缸上限	信号
☑ 📶 加盖升降气缸下限	信号
☑ 📶 加盖位检测	信号
☑ 📶 拧盖定位气缸后限	信号
☑ 📶 拧盖位检测	信号
☑ 📶 瓶盖感应检测	信号

图 2-2-34　创建信号——加盖机构

3. 创建仿真序列

在进行加盖机构仿真时，在瓶盖上创建的平面副，需要被定义为"瓶盖落到料筒下方的凹槽内时被激活"。

创建逻辑关系为：

① "瓶盖感应检测"信号为"true"，并且白色瓶盖质心 x 方向的位置小于 -190 mm 时（通过将刚体"白色瓶盖"添加到运行时查看器查看具体数值），"白色瓶盖_PJ"平面副被激活（图 2-2-35）。

② "加盖升降气缸下限"信号为"true"时，"白色瓶盖_PJ"平面副失效（图 2-2-36）。

③ "瓶盖感应检测"信号为"true"，并且蓝色瓶盖质心 x 方向的位置小于 -190 mm 时（通过将刚体"蓝色瓶盖"添加到运行时查看器查看具体数值），"蓝色瓶盖_PJ"平面副被激活（图 2-2-37）。

④ "加盖升降气缸下限"信号为"true"时，"蓝色瓶盖_PJ"平面副失效（图 2-2-38）。

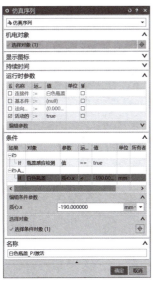

图 2-2-35　创建仿真序列（1）

图 2-2-36　创建仿真序列（2）

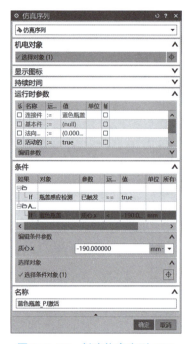

图 2-2-37　创建仿真序列（3）

图 2-2-38　创建仿真序列（4）

在进行加盖机构的概念设计时，可设置蓝色瓶盖在"拧盖位检测"信号为"true"时被添加，可进行如下设置：

①创建"蓝色瓶盖"与大地之间为固定副（图 2-2-39）；

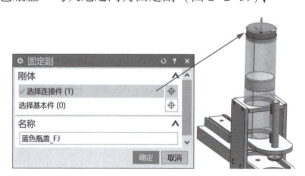

图 2-2-39　创建固定副"蓝色瓶盖_FJ"

②创建仿真序列："拧盖位检测"信号为"true"时，固定副"蓝色瓶盖_FJ"失效（图 2-2-40）。

创建完成仿真序列后，注意要去掉平面副"蓝色瓶盖_PJ"及"白色瓶盖_PJ"的复选框"勾选"，使其初始状态处于"未被激活状态"，如图 2-2-41 所示。

调整"瓶盖感应检测"传感器的长度（图 2-2-42），实现瓶盖刚好落到凹槽内时"瓶盖感应检测"信号被触发，单击仿真"播放"按钮后，效果如图 2-2-43 所示。

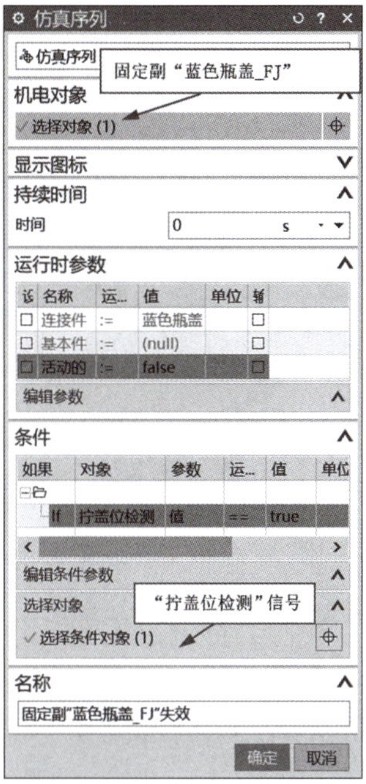

图 2-2-40　创建仿真序列——"蓝色瓶盖_FJ"失效

运动副和约束	
□ 白色瓶盖_PJ	平面副
□ 蓝色瓶盖_PJ	平面副
☑ 活塞杆1_SJ	滑动副
☑ 活塞杆2_SJ	滑动副
☑ 活塞杆3_SJ	滑动副
☑ 活塞杆4_SJ	滑动副
☑ 磁环1_活塞杆1_FJ	固定副
☑ 磁环2_活塞杆2_FJ	固定副
☑ 磁环3_活塞杆3_FJ	固定副
☑ 磁环4_活塞杆4_FJ	固定副
☑ 固定件_FJ	固定副
☑ 加盖机构固定件_FJ	固定副
☑ 蓝色瓶盖_FJ	固定副

图 2-2-41　改变平面副初始状态

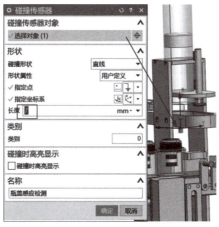

图 2-2-42　修改传感器"长度"

图 2-2-43　仿真效果

案例中的瓶身 2 要求为瓶 1 碰到"拧盖位检测"传感器时才开始动作，所以需创建瓶身 2 与大地之间为固定副（图 2-2-44），再通过仿真序列实现动作要求。

图 2-2-44　定义固定副——瓶身 2

创建仿真序列的逻辑关系为："拧盖位检测"信号为"true"时，固定副"瓶身2_FJ"失效，如图 2-2-45 所示。

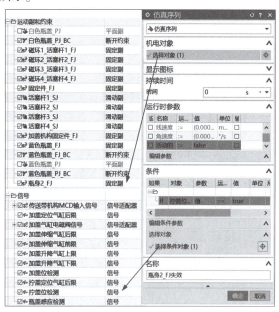

图 2-2-45　创建仿真序列——固定副"瓶身 2_FJ"无作用

单击仿真"播放"按钮，手动改变"传送带启停信号"为"true"，可观察到瓶1随传送带运动到"拧盖位检测"传感器处，瓶2才开始随传送带运动。

创建断开约束及仿真运行

四、创建断开约束

在本案例中，通过创建断开约束，来模拟"瓶盖被加盖升降气缸压下"，具体操作如下：

在白色瓶盖和蓝色瓶盖的平面副上分别创建断开约束，如图 2-2-46、图 2-2-47 所示。

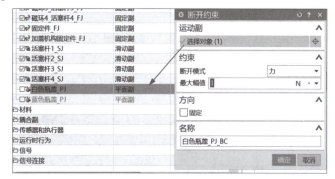

图 2-2-46　创建断开约束——白色瓶盖平面副

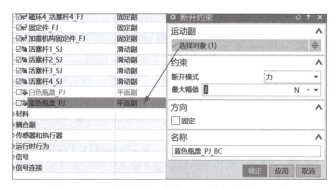

图 2-2-47　创建断开约束——蓝色瓶盖平面副

为实现只有当加盖升降气缸伸出时，平面副才被断开，需创建仿真序列逻辑为：

① "加盖升降气缸电磁阀"信号为"false"时，断开约束无效（图 2-2-48）。

② "加盖升降气缸电磁阀"信号为"true"，并且"瓶盖所对应瓶身（白色瓶盖对应瓶身 1，蓝色瓶盖对应瓶身 2）质心 x 方向的位置值小于 −170 mm"时，断开约束激活（图 2-2-49）。

五、加盖机构虚拟调试

参考项目一中的相关内容，完成加盖机构的软件在环虚拟调试或硬件在环虚拟调试。

读者可根据需要直接打开已完成 MCD 设计的源文件（文件夹"2-2 加盖机构概念设计与虚拟调试 -OK"中的"装配"），并进入 MCD 环境，完成加盖机构的 PLC 程序设计及虚拟调试。

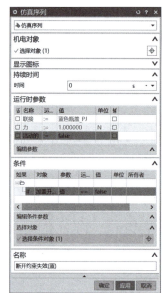

图 2-2-48　仿真序列——断开约束无效

图 2-2-49　仿真序列——断开约束激活

　　完成加盖机构的 PLC 程序设计并进行虚拟调试，按照任务验收单 2-2 验收加盖机构的功能。

任务验收单 2-2

步骤	功能要求	自查结果	教师验收	配分	得分
①	单击仿真"播放"按钮,机构处于初始状态,传送带启动			5	
②	瓶身1在通过加盖位检测传感器后,被加盖定位气缸夹紧,传送带停止运行			10	
③	加盖伸缩气缸伸出,将瓶盖推出			5	
④	加盖升降气缸伸出,将瓶盖压下			10	
⑤	瓶盖被准确压至瓶身1上,动作流畅,无偏斜			10	
⑥	加盖升降气缸缩回			5	
⑦	加盖伸缩气缸缩回			5	
⑧	加盖定位气缸缩回			5	
⑨	传送带启动			5	
⑩	瓶身在通过拧盖位检测传感器后,被拧盖定位气缸夹紧,传送带停止			10	
⑪	拧盖定位气缸夹紧5 s后松开,瓶身1继续随传送带运动至托盘			10	
⑫	瓶身1在经过拧盖位检测时,瓶身2开始随传送带运行,蓝色瓶盖落下			10	
⑬	瓶身2继续完成步骤③~⑪			10	
合计				100	
学生签字:			教师签字:		

任务3　加盖拧盖单元概念设计与虚拟调试

任务描述 ✓

图 2-3-1 所示加盖拧盖单元，在本项目任务 1 和任务 2（传送带机构、加盖机构）的基础上增加了拧盖机构（图 2-3-2）以及工作台，工作台上设置有"启动""停止"和"复位"三个操作按钮（发光按钮）。加盖完成后的瓶子被拧盖定位气缸定位后，由拧盖机构完成拧盖流程。

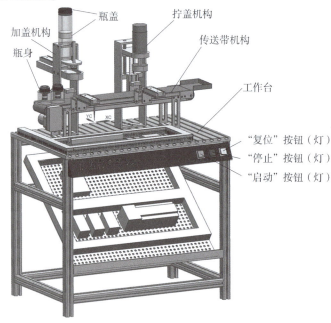

图 2-3-1　加盖拧盖单元

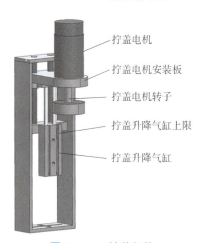

图 2-3-2　拧盖机构

任务要求：

①完成拧盖机构的概念设计。

②编写加盖拧盖单元的 PLC 控制程序。

③完成加盖拧盖单元的虚拟调试。

加盖拧盖单元功能要求：

（初始位置：传送带停止、加盖定位气缸缩回、拧盖定位气缸缩回、加盖伸缩气缸缩回、加盖升降气缸缩回、拧盖升降气缸伸出、拧盖电机停止）

①PLC 上电，系统处于停止状态。停止指示灯亮，启动和复位指示灯灭。

②在停止状态下，按下"复位"按钮，单元复位，复位过程中，复位指示灯闪烁（1 Hz），所有机构回到初始位置。复位完成后，复位指示灯常亮，启动和停止指示灯灭。在运行或复位状态下，按"启动"按钮无效。

③在复位就绪状态下，按下"启动"按钮，单元启动，启动指示灯亮，停止和复位指示灯灭。

④传送带启动运行。

⑤瓶身在通过加盖位检测传感器后，被加盖定位气缸夹紧，传送带停止运行。

⑥加盖伸缩气缸伸出，将瓶盖推出。

⑦加盖升降气缸伸出，将瓶盖压下。

⑧瓶盖被准确压至瓶身上，动作流畅，无偏斜。

⑨加盖升降气缸缩回。

⑩加盖伸缩气缸缩回。

⑪瓶盖与瓶身装配好后，加盖定位气缸缩回，传送带启动。

⑫瓶子在通过拧盖位检测传感器后，被拧盖定位气缸夹紧，传送带停止。

⑬拧盖升降气缸缩回。

⑭拧盖电机旋转，开始拧盖。

⑮拧盖完全拧紧后，拧盖电机停止。

⑯拧盖升降气缸伸出。

⑰拧盖定位气缸缩回。

⑱传送带启动。

 学习目标

1. 知识目标

①理解螺旋副、速度控制的概念，并掌握其创建方法。

②掌握拧盖机构的机电概念设计操作步骤。

2. 技能目标

①完成加盖拧盖单元的机电概念设计。

②根据要求设计加盖拧盖单元的 PLC 程序并进行虚拟调试。

3. 素养目标

培养细心做事的态度。

知识链接

一、基本机电对象与运动副（5）

（一）螺旋副

1. 螺旋副的概念

螺旋副（Screw Joint）是按照设定的速度和螺距沿着螺旋线方向运动的运动副。其连接件绕着基本件旋转一圈，连接件沿着轴线方向移动一段螺距长度的距离。与柱面副的区别在于，螺旋副的自由度为1，柱面副的自由度为2。

2. 打开"螺旋副"对话框

打开"螺旋副"对话框的方法有三种：使用菜单命令、使用工具栏命令以及在带条导航器中打开。

本案例在带条导航器中打开，如图2-3-3所示。

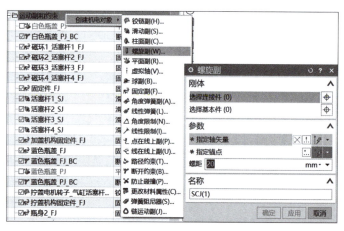

图2-3-3　打开"螺旋副"对话框

"螺旋副"对话框中各个选项的含义见表2-3-1。

表2-3-1　"螺旋副"对话框中各个选项的含义

序号	选项	描述
1	选择连接件	选择需要被螺旋副约束的刚体
2	选择基本件	选择连接件所依附的刚体
3	指定轴矢量	指定旋转轴线的矢量方向
4	指定锚点	指定旋转轴的锚点
5	螺距	指定连接件相对于基本件旋转一周所移动的轴向距离
6	名称	定义螺旋副的名称

3. 实战演练

见本节中"任务实施"部分。

（二）限制副

1. 限制副的概念

限制副（Limit Joint）包含线性限制副（Linear Limit Joint）和角度限制副（Angular Limit Joint）两种，是对各对象之间相对位置的限制。

2. 实战练习

以线性限制副为例，线性限制副能限制对象移动的距离。

①进入"线性限制副"练习的 MCD 环境。用 NX 打开源文件（文件夹"拓展知识"→"线性限制副"→"线性限制副"），并进入 MCD 环境，如图 2-3-4 所示。

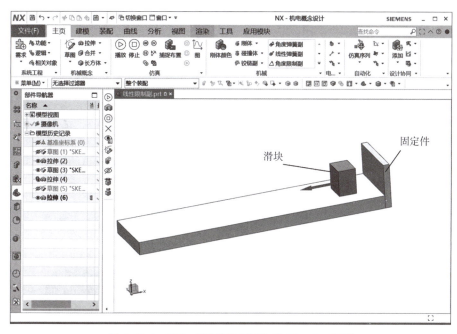

图 2-3-4 进入"线性限制副"练习 MCD 环境

②将固定件、滑块分别定义刚体。

③定义固定件与大地之间为固定副。

④定义滑块与固定件之间为滑动副，方向如图 2-3-4 中箭头所示，不设置限制。

⑤创建线性限制副。如图 2-3-5 所示创建线性限制副，限制滑块与固定件之间的距离在 10～100 mm 范围内。

⑥仿真运行。单击仿真"播放"按钮，可发现"滑块"与"固定件"之间的滑动副被限制在 10～100 mm 范围内。

（三）齿轮副

1. 齿轮副的概念

齿轮副（Gear）是指两个相互啮合的齿轮组件组成的基本机构，它能够传递运动和动力。

2. 实战练习

①进入"齿轮副"练习的 MCD 环境。用 NX 打开源文件（文件夹"拓展知识"→

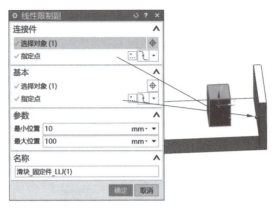

图 2-3-5　创建"线性限制副"

"齿轮副"→"齿轮副"），并进入 MCD 环境，如图 2-3-6 所示。

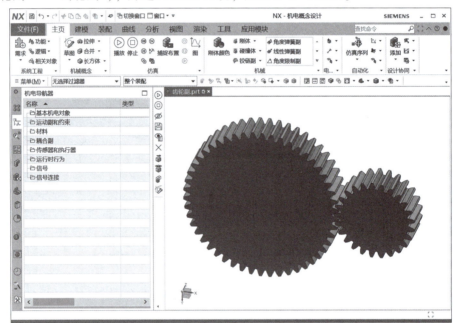

图 2-3-6　进入"齿轮副"练习的 MCD 环境

②为大齿轮、小齿轮分别创建铰链副，为小齿轮的铰链副创建速度控制，如图 2-3-7所示。

③创建齿轮耦合副。如图 2-3-8 所示，在"机电导航器"中鼠标右键单击"耦合副"选项，选择"创建机电对象→齿轮"，弹出"齿轮"对话框（图 2-3-9）。

在"齿轮"对话框（图 2-3-9）中，主对象选择铰链副"大齿轮"，从对象选择铰链副"小齿轮"，主倍数设置为"1"，从倍数设置为"-2"，最后单击"确定"按钮。

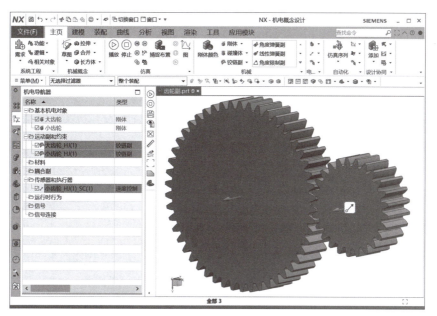

图 2-3-7 创建铰链副

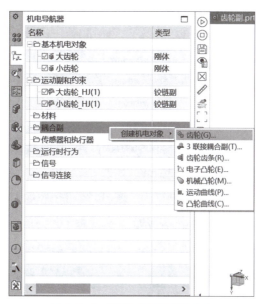

图 2-3-8 创建"齿轮副"（1）

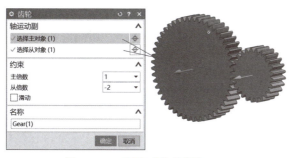

图 2-3-9 创建"齿轮副"（2）

④仿真运行。单击仿真"播放"按钮,可发现大齿轮与小齿轮之间实现了齿轮的啮合传动运动。

二、速度控制

1. 速度控制的概念

速度控制(Speed Control)可以控制传输面或运动副按设定的参数运行,这里的参数包括速度、加速度、加加速度、力矩或扭矩。

2. 打开"速度控制"对话框

打开"速度控制"对话框的方法有三种:使用菜单命令、使用工具栏命令以及在带条导航器中打开。

本案例中在带条导航器中打开,如图2-3-10所示。

图2-3-10 打开"速度控制"对话框

"速度控制"对话框中各选项的含义见表2-3-2。

表2-3-2 "速度控制"对话框中各选项的含义

序号	选项	描述
1	选择对象	选择传输面或运动副
2	轴类型	当选择柱面副时需要指定轴类型
3	速度	指定速度
4	限制加速度	指定最大的加速度、加加速度
5	限制力	指定最大的力
6	名称	定义速度控制的名称

3. 实战演练

见本节中"任务实施"部分。

进入加盖拧盖
单元 MCD 环境

一、进入加盖拧盖单元 MCD 环境

用 NX 打开源文件（文件夹"2-3 加盖拧盖单元概念设计与虚拟调试"中的"装配"），并进入 MCD 环境，此源文件中已完成"传送带机构、加盖机构"部分的概念设计，如图 2-3-11 所示。

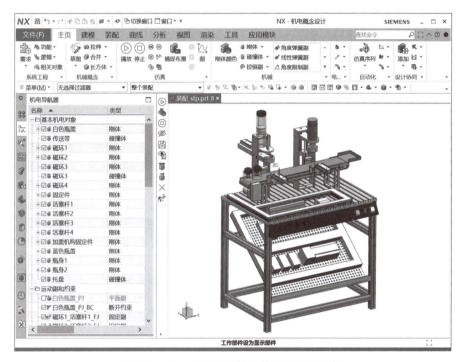

图 2-3-11　进入加盖拧盖单元 MCD 环境

二、定义加盖拧盖单元的基本机电对象与运动副

加盖拧盖单元中，需要定义的基本机电对象有刚体、碰撞体、碰撞传感器；需要定义的运动副有固定副、滑动副、铰链副、螺旋副。

定义基本机电
对象与运动副

1. 定义刚体

①定义刚体——拧盖机构固定件，如图 2-3-12。

②定义刚体——气缸活塞杆固连件。拧盖机构中，拧盖升降气缸活塞杆与拧盖电机安装板、拧盖电机外壳固接，将其整体定义为刚体"气缸活塞杆固连件"（图 2-3-13）。

③定义刚体——拧盖电机转子，如图 2-3-14 所示。

④定义刚体——磁环。拧盖升降气缸活塞杆上有磁环（简化模型），磁环与活塞固连，当磁环靠近磁性开关时，磁性开关动作。因此，能通过磁性开关的信号来判断气缸活塞杆的状态。

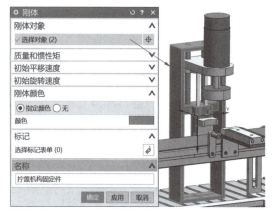

图 2-3-12　定义刚体——拧盖机构固定件

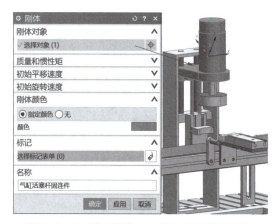

图 2-3-13　定义刚体——气缸活塞杆固连件

图 2-3-14　定义刚体——拧盖电机转子

　　将气缸的缸体部分隐藏（过滤器需选择为"实体"），定义气缸上的磁环为刚体，命名为"磁环 5"（图 2-3-15）。

2. 定义固定副

　　①将刚体"拧盖机构固定件"与大地之间定义为固定副，如图 2-3-16 所示。

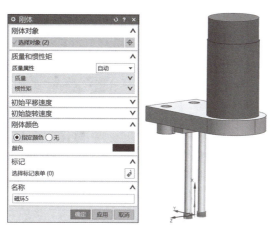

图 2-3-15　定义刚体——磁环 5

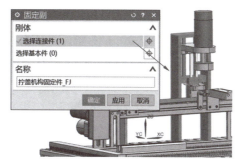

图 2-3-16　定义固定副"拧盖机构固定件_FJ"

②将拧盖升降气缸的缸体部分隐藏，磁环 5 与活塞杆之间定义为固定副，如图 2-3-17 所示。

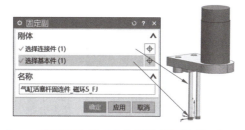

图 2-3-17　定义固定副"气缸活塞杆固连件_磁环 5_FJ"

定义完固定副后，将所有实体及片体显示出来。

3. 定义滑动副

拧盖机构中，气缸的活塞杆与缸体之间为滑动副，仿真时需定义活塞杆与固定件（或大地）之间为滑动副，滑动副方向沿活塞杆轴向，如图 2-3-18 所示。

4. 定义铰链副

拧盖机构中，拧盖电机转子的转动，在摩擦力的作用下带动瓶盖旋转拧紧。在拧盖电机转子与电机外壳之间建立铰链副，如图 2-3-19 所示。

图 2-3-18　定义滑动副"气缸活塞杆固连件_SJ"

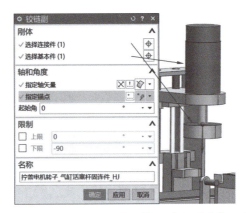

图 2-3-19　定义铰链副"拧盖电机转子_气缸活塞杆固连件_HJ"

5. 定义碰撞体

①在拧盖机构中，拧盖电机转子部分需与瓶盖之间形成碰撞关系，在摩擦力的作用下带动瓶盖拧入瓶体，定义拧盖电机转子与瓶盖的接触面为碰撞体，如图 2-3-20 所示。

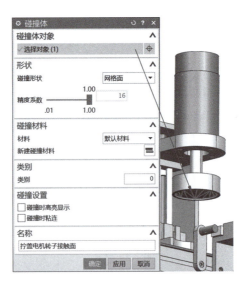

图 2-3-20　定义碰撞体——拧盖电机转子接触面

②定义"磁环5"为碰撞体属性，具体操作按照图2-1-25所示方法。

③重新建立瓶身的碰撞体属性。

本案例中，模拟拧瓶盖的过程，可以将瓶身的碰撞体属性分为瓶腹和瓶口两部分，后续运行过程中在适当的时刻将瓶口处碰撞体"活动值"设为"false"，模拟拧瓶盖过程。

将两个瓶身的碰撞体属性删除（图2-3-21），然后按照图2-3-22~图2-3-25所示方法分别创建瓶身的碰撞体属性。

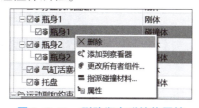

图 2-3-21　删除瓶身碰撞体属性

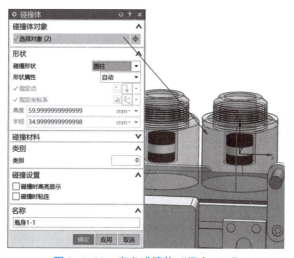

图 2-3-22　定义碰撞体"瓶身1-1"

图 2-3-23　定义碰撞体"瓶身1-2"

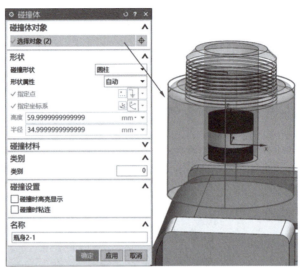

图 2-3-24　定义碰撞体"瓶身 2-1"

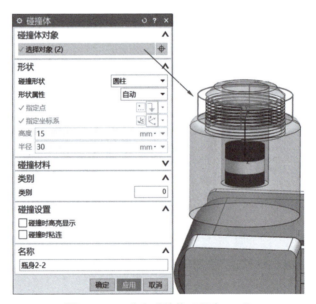

图 2-3-25　定义碰撞体"瓶身 2-2"

6. 定义碰撞传感器

拧盖机构中有一个磁性开关（拧盖升降气缸上限），使用碰撞传感器进行模拟，如图 2-3-26 所示。

7. 定义螺旋副

在本案例中，拧盖动作发生时，在瓶盖与瓶身之间形成螺旋副约束，模拟拧瓶盖的过程。操作过程如图 2-3-27、图 2-3-28 所示。

由于案例中的瓶盖与瓶身之间，在被加盖之前不能存在螺旋副，因此，需要将螺旋副的初始值设为"false"（去掉运动副前面的"√"），如图 2-3-29 所示。

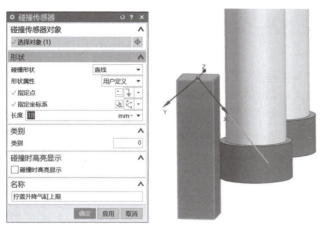

图 2-3-26　定义碰撞传感器——拧盖升降气缸上限

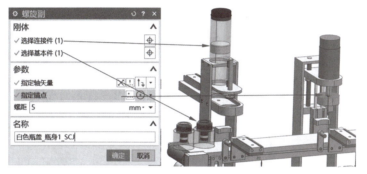

图 2-3-27　定义螺旋副"白色瓶盖_瓶身 1_SCJ"

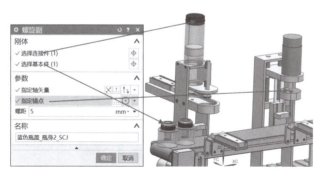

图 2-3-28　定义螺旋副"蓝色瓶盖_瓶身 2_SCJ"

图 2-3-29　将螺旋副初始值改为"false"

三、创建速度控制

1. 操作过程

拧盖机构中，在铰链副"拧盖电机转子_气缸活塞杆固连件_HJ"上创建速度控制，模拟拧盖电机的转动，如图2-3-30所示。

2. 仿真运行

单击仿真"播放"按钮，可观察到拧盖电机的转子以图2-3-31所示方向运动（若发现旋转方向相反，请将速度值设为"-200"）。

创建速度控制

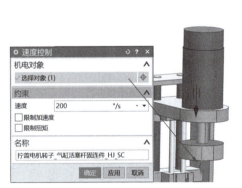

图 2-3-30　创建速度控制

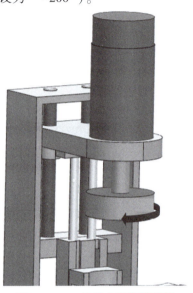

图 2-3-31　拧盖电机仿真运行

四、创建位置控制、信号及仿真序列

1. 创建位置控制

本案例中"拧盖升降气缸"需要创建位置控制，如图2-3-32所示。

创建位置控制、
信号及仿真序列

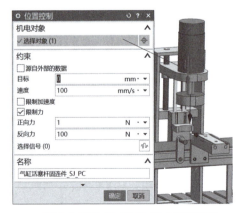

图 2-3-32　创建位置控制"气缸活塞杆固连件_SJ_PC"

2. 创建信号

本案例中，需要创建 MCD 输出信号及 MCD 输入信号，操作过程如下：

①创建 MCD 输出信号（PLC 输入信号）。需要创建的 MCD 输出信号只有一个，即拧盖升降气缸上限（图 2-3-33）。

图 2-3-33　创建拧盖机构 MCD 输出信号

②创建 MCD 输入信号（PLC 输出信号）。需要创建的 MCD 输入信号有拧盖升降气缸电磁阀、拧盖电机启停。按照图 2-3-34 所示方法创建拧盖机构的 MCD 输入信号。

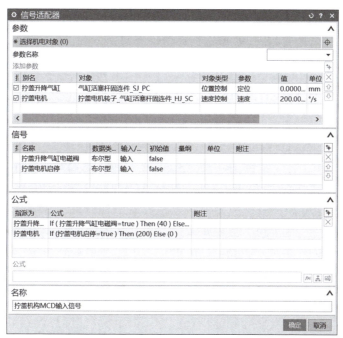

图 2-3-34　创建拧盖机构 MCD 输出信号

信号创建完成后，如图 2-3-35 所示。

3. 创建仿真序列

在加盖拧盖单元虚拟调试过程中，利用螺旋副模拟瓶盖被拧紧的过程，所以，需

图2-3-35　创建信号–拧盖机构

要创建如下逻辑关系的仿真序列：

①拧盖升降气缸电磁阀信号为"true"时，螺旋副"白色瓶盖_瓶身1_SCJ"被激活（图2-3-36）。

②拧盖升降气缸电磁阀信号为"true"，并且瓶身2质心 x 方向的值大于0时，螺旋副"蓝色瓶盖_瓶身2_SCJ"被激活（图2-3-37）。

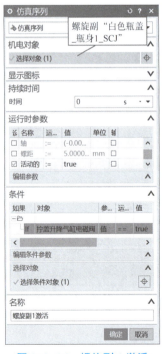

图2-3-36　螺旋副1激活

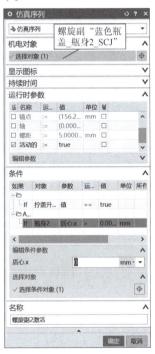

图2-3-37　螺旋副2激活

③拧盖电机启停信号为"true"时，碰撞体"瓶身1-2"失效（图2-3-38）。

④拧盖电机启停信号为"true"，且瓶身2质心x方向的值大于0时，碰撞体"瓶身2-2"失效（图2-3-39）。

图2-3-38　碰撞体"瓶身1-2"失效　　图2-3-39　碰撞体"瓶身2-2"失效

五、启动、停止、复位按钮及按钮灯的概念设计

参考"项目一的任务2"中的相关内容，完成加盖拧盖单元中的启动按钮、停止按钮、复位按钮以及启动灯、停止灯、复位灯的概念设计，完成后的信号如图2-3-40所示。

按钮及灯
的概念设计

图2-3-40　按钮及按钮灯信号

六、加盖拧盖单元虚拟调试

参考项目一中的相关内容，完成加盖拧盖单元的软件在环虚拟调试或硬件在环虚拟调试。

读者可根据需要直接打开已完成 MCD 设计的源文件（"2-3 加盖拧盖单元概念设计与虚拟调试 -OK"），并进入 MCD 环境，完成加盖拧盖单元的 PLC 程序设计及虚拟调试。

完成加盖拧盖单元的 PLC 程序设计并进行虚拟调试，按照任务验收单 2-3 验收加盖拧盖单元的功能。

任务验收单 2-3

步骤	功能要求	自查结果	教师验收	配分	得分
①	PLC上电，系统处于停止状态。停止指示灯亮，启动和复位指示灯灭			5	
②	在停止状态下，按下"复位"按钮，单元复位，复位过程中，复位指示灯闪烁（1 Hz）（可用鼠标拖动气缸活塞杆模拟复位过程），所有机构回到初始位置			6	
③	复位完成后，复位指示灯常亮，启动和停止指示灯灭。运行或复位状态下，按"启动"按钮无效			6	
④	在复位就绪状态下，按下"启动"按钮，单元启动，启动指示灯亮，停止和复位指示灯灭			5	
⑤	传送带启动运行			3	
⑥	瓶身在通过加盖位检测传感器后，被加盖定位气缸夹紧，传送带停止运行			5	
⑦	加盖伸缩气缸伸出，将瓶盖推出			5	
⑧	加盖升降气缸伸出，将瓶盖压下			5	
⑨	白色瓶盖被准确压至瓶身1上，动作流畅，无偏斜			5	
⑩	加盖升降气缸缩回			3	
⑪	加盖伸缩气缸缩回			3	
⑫	加盖定位气缸缩回，传送带启动			5	
⑬	瓶子在通过拧盖位检测传感器后，被拧盖定位气缸夹紧，传送带停止			6	
⑭	拧盖升降气缸缩回			3	
⑮	拧盖电机旋转，开始拧盖			5	
⑯	瓶盖完全拧紧后，拧盖电机停止			6	
⑰	拧盖升降气缸伸出			3	
⑱	拧盖定位气缸缩回			3	
⑲	传送带启动			3	
⑳	瓶1碰到拧盖位检测时，瓶2随传送带运行，蓝色瓶盖落下，按照步骤⑥~⑲完成动作			5	
㉑	在运行中任意时刻按下"停止"按钮，动作立刻停止，停止灯亮，启动灯灭，复位灯灭			10	
合计				100	

学生签字：　　　　　　　　　　　　　　　　　教师签字：

【项目拓展】

　　本项目中的"加盖拧盖单元"设备实现了瓶装产品的自动化加盖与拧盖工作，瓶盖有蓝色与白色两种颜色。现接到设备的功能升级要求：需要在拧盖工作完成后，检测瓶盖颜色，并增加收集装置，能分别收集蓝色瓶盖的瓶子、白色瓶盖的瓶子。请完成设备的功能升级开发，并进行虚拟调试，验证所开发设备的结构、功能以及 PLC 程序的正确性、可靠性、稳定性。

【知识回顾】

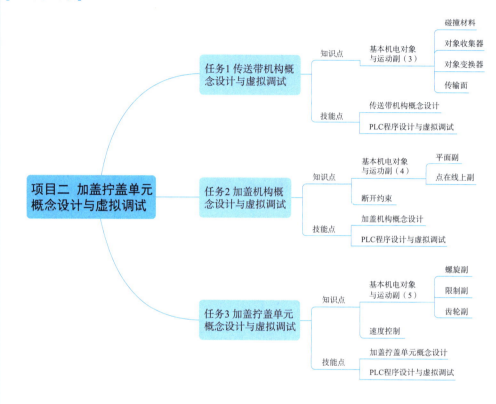

项目三　检测分拣单元概念设计与虚拟调试

【项目描述】

食品安全直接关系到人们的健康和生命安全，若食品加工存在缺陷，则会导致食品变质，或者成分不符合要求，有可能诱发各种疾病。在生产过程中，使用检测分拣设备能快速、准确地完成检测和分拣工作，不仅能提高生产效率，降低生产成本，还能确保食品安全和产品质量。图3-1所示为检测分拣单元自动化产线的简化模型（参考"全国职业院校技能大赛-机电一体化项目设备的第三个工作单元"）。待测瓶子跟随主皮带运行完成检测："瓶盖拧紧检测"传感器（回归反射型传感器）检测瓶盖是否拧紧，龙门检测机构检测瓶内的颗粒物料是否为三颗；龙门检测机构检测拧紧的瓶盖颜色（白色或蓝色）。拧盖合格与颗粒均合格的瓶子被输送到皮带末端等待出料。

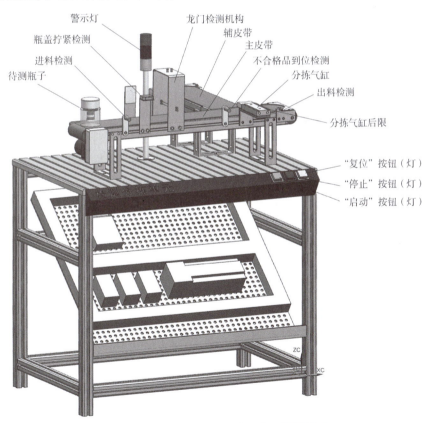

图3-1　检测分拣单元自动化产线简化模型

请使用提供的检测分拣单元模型，完成如下任务：

①完成检测分拣单元的机电概念设计。

②根据功能要求，完成 PLC 程序设计。

③实现检测分拣单元的虚拟调试并优化 PLC 程序。

【功能要求】

检测分拣单元的功能要求：

初始位置：主皮带停止、辅皮带停止、分拣气缸缩回、警示灯灭（灰色）。

①PLC 上电，系统处于停止状态。停止灯亮，启动和复位指示灯灭。

②在停止状态下，按下"复位"按钮，产线复位，复位过程中，复位指示灯闪烁（0.5 Hz），所有机构回到初始位置。复位完成后，复位指示灯常亮，启动和停止指示灯灭。运行或复位状态下，按"启动"按钮无效。

③在复位就绪状态下，按下"启动"按钮，单元启动，启动指示灯亮，停止和复位指示灯灭。

④主皮带启动运行。

⑤警示灯（蓝）常亮。

⑥添加物料瓶到该单元起始端进行检测分拣。

a. 添加装有三颗物料并旋紧白色瓶盖的物料瓶到该单元起始端。进料检测传感器检测到有物料瓶且旋紧检测传感器无动作，经过龙门检测机构后，警示灯绿色常亮，蓝色熄灭，物料瓶即被输送到主皮带的末端，出料检测传感器动作，主输送带停止，拿走物料瓶，输送带继续启动运行，警示灯绿色熄灭，蓝色常亮。

b. 添加装有三颗物料并旋紧蓝色瓶盖的物料瓶到该单元起始端。进料检测传感器检测到有物料瓶且旋紧检测传感器无动作，经过龙门检测机构后，警示灯绿色闪烁（$f = 2$ Hz），蓝色熄灭，物料瓶即被输送到主皮带的末端，出料检测传感器动作，主输送带停止，拿走物料瓶，输送带继续启动运行，警示灯绿色熄灭，蓝色常亮。

c. 添加装有两颗或者四颗物料并旋紧瓶盖的物料瓶到该单元起始端。进料检测传感器检测到有物料瓶且旋紧检测传感器无动作，经过龙门检测机构后，警示灯红色闪烁（$f = 1$ Hz），蓝色熄灭，物料瓶经过不合格品到位检测传感器时，传感器动作，触发分拣气缸电磁阀得电，瓶子被推到辅皮带上，辅皮带转动一个瓶子的距离，分拣气缸缩回，警示灯红色熄灭，蓝色常亮。

d. 添加装有三颗物料并未旋紧瓶盖的物料瓶到该单元起始端；当进料检测传感器检测到有物料瓶且旋紧检测传感器动作，经过龙门检测机构后，警示灯红色常亮，蓝色熄灭，物料瓶经过不合格品到位检测传感器时，传感器动作，触发分拣气缸电磁阀得电，当到达分拣气缸位置时即被推到辅皮带上，分拣气缸缩回，警示灯红色熄灭，蓝色常亮。

⑦在启动状态下，按下"停止"按钮，系统停止运行，停止指示灯亮，启动和复位指示灯灭，警示灯全灭。

1. 知识目标

理解瓶盖拧紧、颗粒数合格、瓶盖颜色的检测原理。

2. 技能目标

①完成检测分拣单元的机电概念设计，根据任务要求设计检测分拣单元的PLC程序并进行虚拟调试。

②熟练使用虚拟仿真技术，搭建数字化生产线模型，解决工程实际问题，提高数字化应用能力，培养发现问题、解决问题的能力。

3. 素养目标

增强质量意识，培养责任心、敬业心、团队意识等核心职业素养。

一、瓶盖拧紧检测原理

瓶盖的拧紧检测由瓶盖拧紧检测传感器完成，如图3-2所示，该传感器是带反射板的回归反射型光电传感器。调整传感器的高度，直至比正常拧紧的瓶子高1mm左右，确保当拧紧瓶盖的瓶子通过时未遮挡光路，未拧紧瓶盖的瓶子通过时能够遮挡传感器的反射光路并准确无误动作，输出信号。由该传感器的信号状态来判断瓶盖是否拧紧。

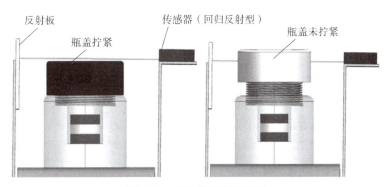

图3-2　瓶盖拧紧检测原理

二、龙门检测机构工作原理

龙门检测机构用于检测瓶内的颗粒数是否达标（三颗），以及判断合格瓶子的瓶盖颜色。

1. 颗粒数检测原理

对射式光纤传感器A、B由发射端和接收端组成，如图3-3所示。

①瓶内有三颗物料时（图3-3），光纤传感器A发射端发出的光信号能成功传送

至光纤传感器 A 接收端，光纤传感器 B 发射端发出的光信号被阻挡，无法传送至光纤传感器 B 接收端。此时，光纤传感器 A 有信号，光纤传感器 B 无信号。

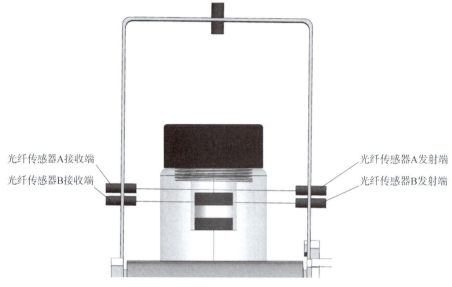

光纤传感器A接收端
光纤传感器B接收端
光纤传感器A发射端
光纤传感器B发射端

图 3-3　瓶内有三颗物料

②瓶内颗物料少于三颗时（图 3-4），光纤传感器 A 有信号，光纤传感器 B 也有信号。

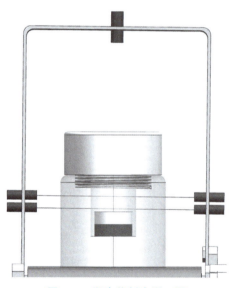

图 3-4　瓶内物料少于三颗

③瓶内颗物料多于三颗时（图 3-5），光纤传感器 A 无信号，光纤传感器 B 也无信号。

2. 瓶盖颜色检测原理

如图 3-6 所示，由两个光纤传感器组合的方式鉴别蓝色瓶盖或白色瓶盖。白色瓶盖与蓝色瓶盖对光的反射率不同，通过调整光纤放大器的预设值，使得：

①白色瓶盖经过时，光纤传感器 C 有信号，光纤传感器 D 有信号。

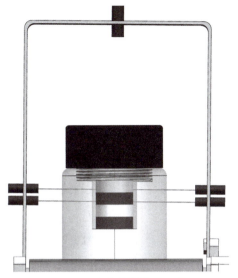

图 3-5　瓶内物料多于三颗

②蓝色瓶盖经过时，光纤传感器 C 有信号，光纤传感器 D 无信号。

光纤传感器C　光纤传感器D

图 3-6　瓶盖检测原理

三、伺服电机的模拟运行

本案例介绍一种伺服电机控制的 MCD 模拟方法，利用参数实现电机的位置控制和速度控制。

①进入"伺服电机"练习的 MCD 环境。用 NX 打开源文件（文件夹"拓展知识"→"伺服电机"→"伺服电机"），并进入 MCD 环境，如图 3-7 所示。

②定义电机转子部分为刚体，再定义电机转子与机壳之间为铰链副。

③为转子的铰链副创建位置控制，轴类型为"角度"，角路径选项为"跟踪多圈"，如图 3-8 所示。

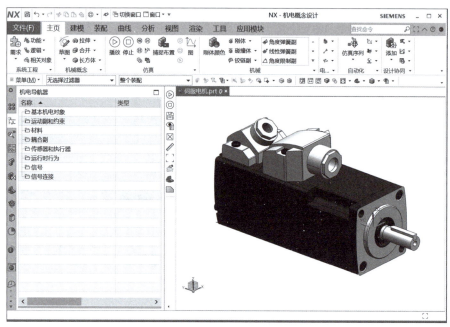

图 3-7　进入"伺服电机"练习的 MCD 环境

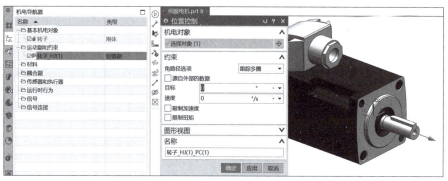

图 3-8　创建"位置控制"

④创建信号。需创建两个信号类型为"双精度型"的 MCD 输入信号，分别为"速度给定"和"位置给定"，如图 3-9、图 3-10 所示。

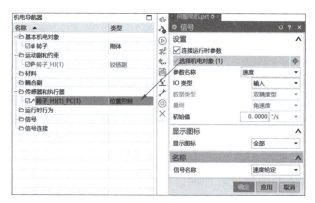

图 3-9　创建信号"速度给定"

图 3-10　创建信号"位置给定"

⑤编写 PLC 变量表。如图 3-11 所示，在变量表中添加数据类型为"Real"的两个变量"转速"和"位置"，地址为 MD0、MD4。

默认变量表							
	名称	数据类型	地址	保持	可从...	从 H...	在 H...
1	转速	Real	%MD0	☐	☑	☑	☑
2	位置	Real	%MD4	☐	☑	☑	☑

图 3-11　编写 PLC 变量表

⑥PLC 程序设计。根据任务要求编写 PLC 程序，其中 MD0 为设置伺服电机转速的地址，MD4 为设置伺服电机位置的地址，如图 3-12 所示为演示用程序。

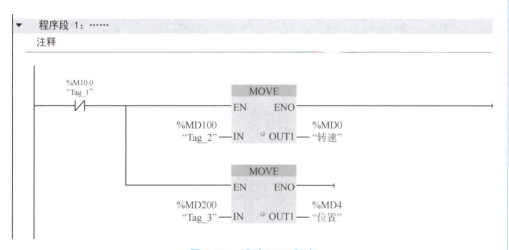

图 3-12　设计 PLC 程序

⑦虚拟仿真。参考项目一中的相关内容，继续完成外部信号配置及信号映射。

单击仿真"播放"按钮，在博途中启用监控功能，双击修改速度参数"MD50"和位置参数"MD200"（图 3-13），可观察到 MCD 模型中的伺服电机以 50°/s 的速度转动到 500°的位置后停止。

图 3-13　设置速度与位置参数

项目实施

一、检测分拣单元概念设计

（一）检测分拣机构概念设计

1. 进入检测分拣单元 MCD 环境

用 NX 打开源文件（文件夹 "3 检测分拣单元概念设计与虚拟调试" 中的 "装配"），并进入 MCD 环境，如图 3-14 所示（若发现料筒、瓶身没有透明显示，可按照 2-1-10（a）的步骤进行设置）。

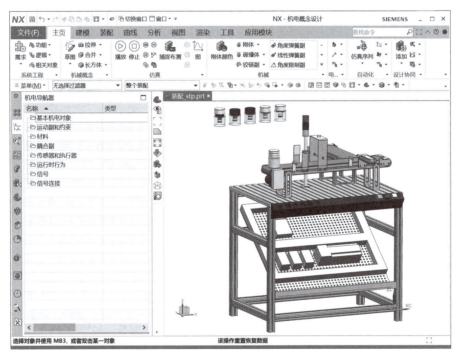

图 3-14　进入检测分拣单元 MCD 环境

2. 定义刚体

检测及分拣机构中，需要定义刚体属性的为放置在主皮带中的 5 个待测物料瓶

（图中叠加在一起）以及分拣气缸的活塞杆，如图 3-15 所示。

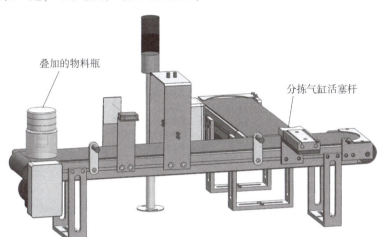

图 3-15　需定义刚体属性的实体

5 种待检测瓶（图 3-16）分别为：
①瓶盖未拧紧。
②瓶盖拧紧、三颗料、蓝色瓶盖。
③瓶盖拧紧、四颗料、蓝色瓶盖。
④瓶盖拧紧、三颗料、白色瓶盖。
⑤瓶盖拧紧、两颗料、白色瓶盖。

图 3-16　5 种待检测瓶

定义待检测瓶刚体属性时，可在装配导航器中鼠标右键单击其他 4 种类型的待测瓶，按照图 3-17 所示操作将其隐藏。

然后依次完成 5 种类型的刚体定义（只定义主皮带上的瓶子），需要注意的是，同一瓶子与瓶内的颗粒料需要定义为同一个刚体，如图 3-18 所示。

按照图 3-18 所示方法，依次完成 5 种待测瓶的刚体属性定义，完成后如图 3-19 所示。

然后继续完成分拣气缸活塞杆的刚体定义，如图 3-20 所示。

3. 定义碰撞体

需要定义为碰撞体属性的有瓶子、瓶内的颗粒料、主皮带、辅皮带、气缸活塞杆上的磁环。需要为这些碰撞体设定碰撞类别，以便只被相对应的碰撞传感器（图 3-21）识别。

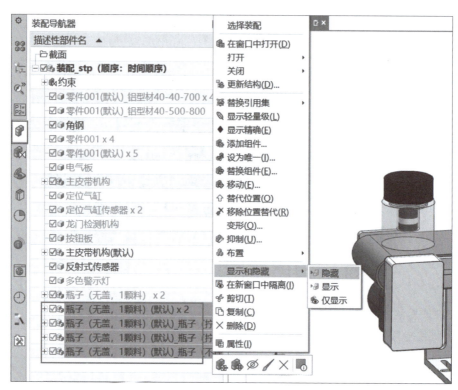

图 3-17 隐藏待测瓶操作

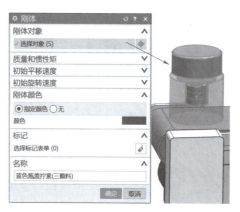

图 3-18 定义待测瓶刚体属性

名称 ▲	类型
└ ▷ 基本机电对象	
☑ 白色瓶盖拧紧(两颗料)	刚体
☑ 白色瓶盖拧紧(三颗料)	刚体
☑ 蓝色瓶盖拧紧(三颗料)	刚体
☑ 蓝色瓶盖拧紧(四颗料)	刚体
☑ 瓶盖未拧紧(三颗料)	刚体

图 3-19 完成待测瓶的刚体属性定义

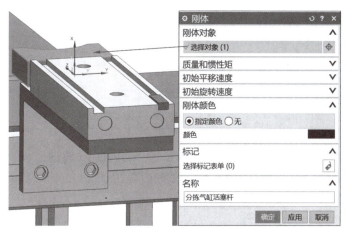

图 3-20 定义分拣气缸活塞杆刚体属性

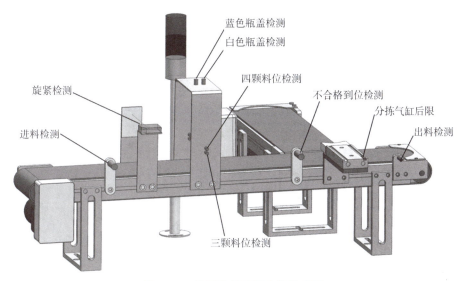

图 3-21 检测分拣单元中的传感器

参考表 3-1 中的参数，定义对应的碰撞体属性。

表 3-1 设定碰撞体的碰撞类别

序号	名称	碰撞类别	碰撞形状	对应的碰撞传感器
1	主皮带	0	方块	无
2	辅皮带	0	方块	无
3	蓝色瓶	1	圆柱	进料检测、旋紧检测、蓝色瓶盖检测、不合格到位检测、出料检测
4	白色瓶	2	圆柱	进料检测、旋紧检测、蓝色瓶盖检测、白色瓶盖检测、不合格到位检测、出料检测
5	颗粒料	3	圆柱	三颗料位检测、四颗料位检测、不合格到位检测、出料检测

序号	名称	碰撞类别	碰撞形状	对应的碰撞传感器
6	磁环	0	圆柱	分拣气缸后限
7	分拣气缸推料块接触面	0	网格面	无
8	主皮带末端挡料面	0	网格面	无
9	辅皮带末端挡料面	0	网格面	无

以"白色瓶盖拧紧"及"颗粒料1"为例，定义其碰撞体属性，如图3-22、图3-23所示。然后以相同的方法完成其他瓶子的碰撞体定义。

图 3-22　定义碰撞体——白色瓶盖拧紧

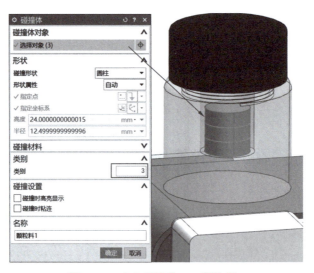

图 3-23　定义碰撞体——颗粒料1

继续完成分拣气缸推料块接触面、主皮带末端挡料面、辅皮带末端挡料面的碰撞体定义，如图3-24所示。

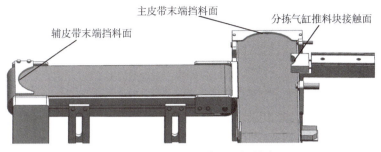

辅皮带末端挡料面　　　主皮带末端挡料面　　　分拣气缸推料块接触面

图 3-24　定义碰撞体——接触面

完成所有碰撞体的定义，如图 3-25 所示。

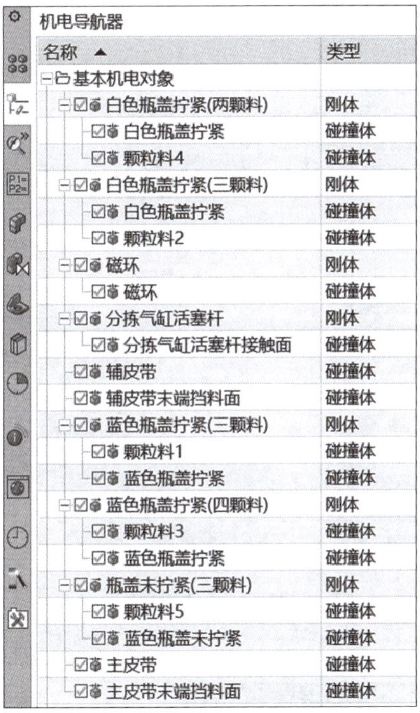

机电导航器	
名称 ▲	类型
基本机电对象	
白色瓶盖拧紧(两颗料)	刚体
白色瓶盖拧紧	碰撞体
颗粒料4	碰撞体
白色瓶盖拧紧(三颗料)	刚体
白色瓶盖拧紧	碰撞体
颗粒料2	碰撞体
磁环	刚体
磁环	碰撞体
分拣气缸活塞杆	刚体
分拣气缸活塞杆接触面	碰撞体
辅皮带	碰撞体
辅皮带末端挡料面	碰撞体
蓝色瓶盖拧紧(三颗料)	刚体
颗粒料1	碰撞体
蓝色瓶盖拧紧	碰撞体
蓝色瓶盖拧紧(四颗料)	刚体
颗粒料3	碰撞体
蓝色瓶盖拧紧	碰撞体
瓶盖未拧紧(三颗料)	刚体
颗粒料5	碰撞体
蓝色瓶盖未拧紧	碰撞体
主皮带	碰撞体
主皮带末端挡料面	碰撞体

图 3-25　定义完成碰撞体属性

4. 定义碰撞传感器

为了能模拟传感器与碰撞体之间的信号触发关系，按照表 3-2 设置碰撞传感器的碰撞类别参数。

表 3-2 设定碰撞传感器的碰撞类别

序号	名称	碰撞类别
1	进料检测	0
2	旋紧检测	0
3	蓝色瓶盖检测	0
4	白色瓶盖检测	2

序号	名称	碰撞类别
5	三颗料位检测	3
6	四颗料位检测	3
7	不合格到位检测	0
8	分拣气缸后限	0
9	出料检测	0

依次完成进料检测（图 3-26）、旋紧检测（图 3-27）、蓝色瓶盖检测（图 3-28）、白色瓶盖检测（图 3-29）、三颗料位检测（图 3-30）、四颗料位检测（图 3-31）、不合格到位检测（图 3-32）、分拣气缸后限（图 3-33）、出料检测（图 3-34）的碰撞传感器定义。

图 3-26　进料检测传感器

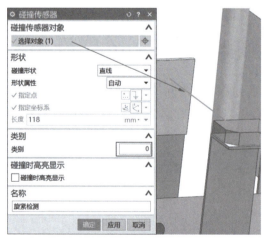

图 3-27　旋紧检测传感器

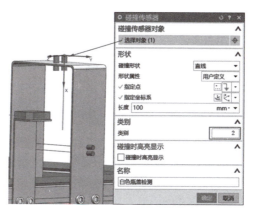

图 3-28　蓝色瓶盖检测传感器

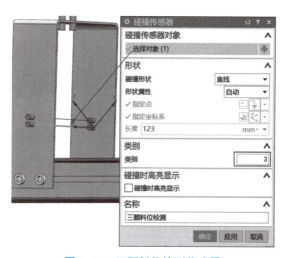

图 3-29　白色瓶盖检测传感器

图 3-30　三颗料位检测传感器

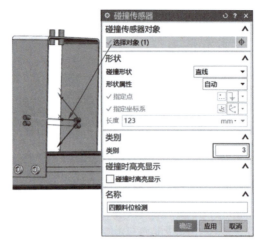

图 3-31　四颗料位检测传感器

图 3-32　不合格到位检测传感器

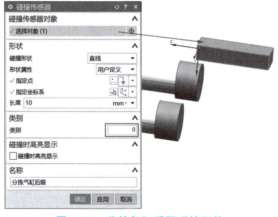

图 3-33　分拣气缸后限磁性开关

5. 定义运动副

在分拣气缸上，需要定义磁环与气缸活塞杆之间为固定副（图 3-35），定义活塞

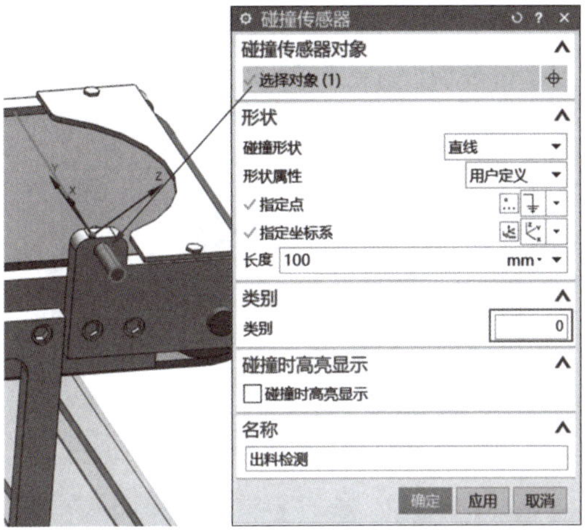

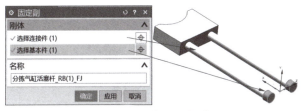

图 3-34　出料检测传感器

杆与缸体之间为滑动副（图 3-36）。

图 3-35　定义固定副

图 3-36　定义滑动副

6. 创建位置控制

本案例中，需要创建分拣气缸的活塞杆滑动副的位置控制，如图 3-37 所示。

7. 创建传输面

案例中的主皮带、辅皮带用传输面进行仿真，如图 3-38、图 3-39 所示。

8. 创建对象源

对 5 种待测瓶创建对象源，触发事件为"每次激活时一次"，以对象源"白色瓶盖拧紧（两颗料）"的创建过程为例（图 3-40），以相同的方法创建完后如图 3-41 所示（去掉"对象源"的勾选，使其初始状态处于"未被激活状态"）。

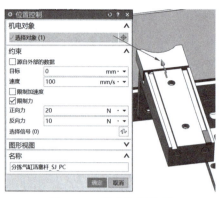

图 3-37　创建位置控制

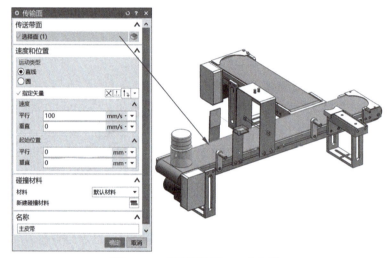

图 3-38　创建传输面——主皮带

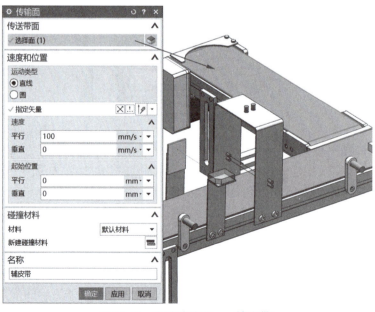

图 3-39　创建传输面——辅皮带

图 3-40 创建对象源——白色瓶盖拧紧（两颗料）

图 3-41 完成对象源的创建

9. 创建信号

检测分拣机构中，需要创建的信号包括 MCD 输出信号、MCD 输入信号，操作过程如下：

（1）创建 MCD 输出信号（PLC 输入信号）

需要创建的 MCD 输出信号有进料检测、瓶盖拧紧检测、蓝色瓶盖检测、白色瓶盖检测、三颗料位检测、四颗料位检测、不合格到位检测、分拣气缸后限、出料检测。按照图 3-42 所示方法创建检测分拣机构的 MCD 输出信号。

图 3-42 创建传感器信号

（2）创建 MCD 输入信号（PLC 输出信号）

需要创建的 MCD 输入信号有分拣气缸电磁阀、主皮带启停、辅皮带启停。按照图 3-43 所示方法创建检测分拣机构的 MCD 输入信号。

信号创建完成后，如图 3-44 所示。

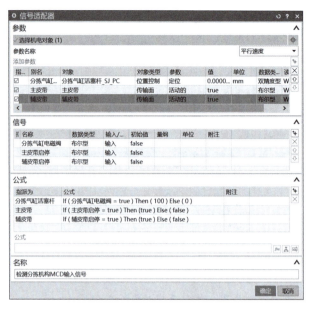

图 3-43 创建检测分拣机构 MCD 输入信号

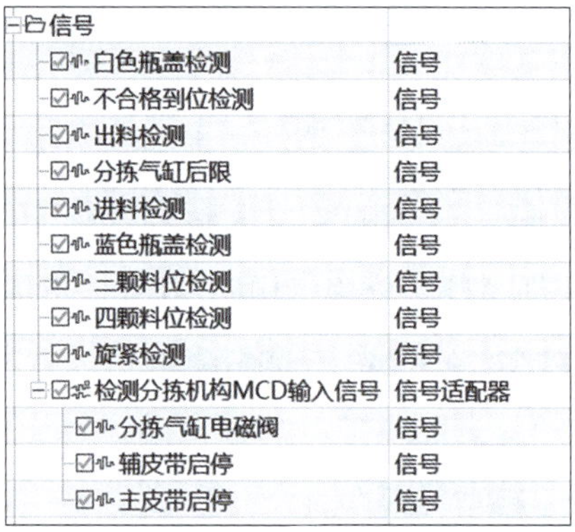

图 3-44 创建信号——检测分拣机构

（二）警示灯和按钮（灯）概念设计

参考"项目一的任务 2"中的相关内容，完成检测分拣单元（图 3-1）中的启动按钮、停止按钮、复位按钮以及启动灯、停止灯、复位灯、警示灯（红、蓝、绿）的概念设计，完成后的信号如图 3-45 所示。

（三）"添加物料"功能概念设计

如图 3-46 所示，工作台上方有 5 个不同类型的待测瓶模型，虚拟调试过程中希望通过下拉每个待测瓶的方式，在主皮带起始端添加对应的待测瓶，下面以图中白色瓶盖未拧紧（最左边）待测瓶的概念设计为例进行操作讲解。

1. 定义刚体

定义整个瓶子及颗粒料为刚体，如图 3-47 所示。

⊟ 信号	
⊟ 按钮信号	信号适配器
☑ 复位	信号
☑ 启动	信号
☑ 停止	信号
☑ 白色瓶盖检测	信号
☑ 不合格到位检测	信号
☑ 出料检测	信号
☑ 分拣气缸后限	信号
☑ 复位灯	信号
⊟ 检测分拣机构MCD输入信号	信号适配器
☑ 分拣气缸电磁阀	信号
☑ 辅皮带启停	信号
☑ 主皮带启停	信号
☑ 进料检测	信号
☑ 警示灯_红	信号
☑ 警示灯_蓝	信号
☑ 警示灯_绿	信号
☑ 蓝色瓶盖检测	信号
☑ 启动灯	信号
☑ 三颗料位检测	信号
☑ 四颗料位检测	信号
☑ 停止灯	信号
☑ 旋紧检测	信号

图 3-45　创建按钮及灯的信号

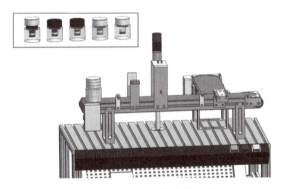

图 3-46　"添加物料"待测瓶

图 3-47　定义刚体——添加物料 01

2. 定义滑动副

定义方向竖直向下的滑动副，如图 3-48 所示。

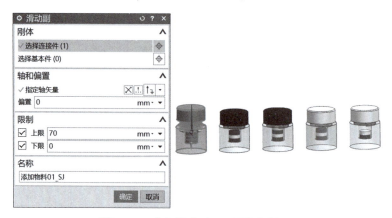

图 3-48　定义滑动副——添加物料 01

3. 添加线性弹簧副

添加线性弹簧副，如图 3-49 所示。

图 3-49　添加线性弹簧副

4. 创建仿真序列

为对象源"瓶盖未拧紧（三颗料）"添加仿真序列，实现功能：鼠标左键向下拖动刚体"添加物料 01"，对象源"瓶盖未拧紧（三颗料）"触发一次，如图 3-50 所示。

按照以上步骤，依次完成 5 个待测瓶的"添加物料"功能。

二、检测分拣单元虚拟调试

参考项目一中的相关内容，完成检测分拣单元的软件在环虚拟调试或硬件在环虚拟调试。

读者可根据需要直接打开已完成 MCD 设计的源文件（"3 检测分拣单元概念设计与虚拟调试 -OK"），并进入 MCD 环境，完成分拣单元的 PLC 程序设计及虚拟调试。

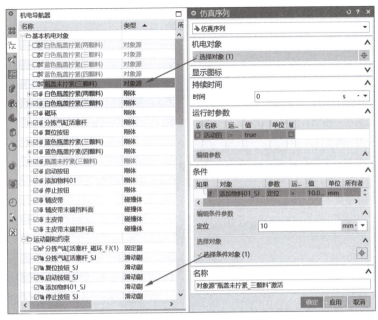

图 3-50　创建仿真序列

项目验收

　　完成检测分拣单元的 PLC 程序设计并进行虚拟调试，按照任务验收单 3-1 验收检测分拣单元的功能。

项目验收单 3-1

步骤	功能要求	自查结果	教师验收	配分	得分
①	PLC上电，系统处于停止状态。停止指示灯亮，启动和复位指示灯灭			5	
②	在停止状态下，按下"复位"按钮，产线复位，复位过程中，复位指示灯闪烁（0.5 Hz），所有机构回到初始位置			5	
③	复位完成后，复位指示灯常亮，启动和停止指示灯灭			5	
④	在运行或复位状态下，按"启动"按钮无效			5	
⑤	在复位就绪状态下，按下"启动"按钮，单元启动，启动指示灯亮，停止和复位指示灯灭			5	
⑥	主皮带启动运行，警示灯蓝色常亮			5	
⑦	添加装有三颗物料并旋紧白色瓶盖的物料瓶到该单元起始端。 进料检测传感器检测到有物料瓶且旋紧检测传感器无动作，经过龙门检测机构后，警示灯绿色常亮，蓝色熄灭，物料瓶即被输送到主皮带的末端，出料检测传感器动作，主输送带停止，拿走物料瓶，输送带继续启动运行，警示灯绿色熄灭，蓝色常亮			15	
⑧	添加装有三颗物料并旋紧蓝色瓶盖的物料瓶到该单元起始端。 进料检测传感器检测到有物料瓶且旋紧检测传感器无动作，经过龙门检测机构后，警示灯绿色闪烁（$f=2$ Hz），蓝色熄灭，物料瓶即被输送到主皮带的末端，出料检测传感器动作，主输送带停止，拿走物料瓶，输送带继续启动运行，警示灯绿色熄灭，蓝色常亮			15	
⑨	添加装有两颗或者四颗物料并旋紧瓶盖的物料瓶到该单元起始端。 进料检测传感器检测到有物料瓶且旋紧检测传感器无动作，经过龙门检测机构后，警示灯红色闪烁（$f=1$ Hz），蓝色熄灭，物料瓶经过不合格品到位检测传感器时，传感器动作，触发分拣气缸电磁阀得电，瓶子被推到辅皮带上，辅皮带转动一个瓶子的距离，分拣气缸缩回，警示灯红色熄灭，蓝色常亮			20	

步骤	功能要求	自查结果	教师验收	配分	得分
⑩	添加装三颗物料并未旋紧瓶盖的物料瓶到该单元起始端；当进料检测传感器检测到有物料瓶且旋紧检测传感器动作，经过龙门检测机构后，警示灯红色常亮，蓝色熄灭，物料瓶经过不合格品到位检测传感器时，传感器动作，触发分拣气缸电磁阀得电，当到达分拣气缸位置时即被推到辅送带上，分拣气缸缩回，警示灯红色熄灭，蓝色常亮			15	
⑪	在启动状态下，按下"停止"按钮，系统停止运行，停止指示灯亮，启动和复位指示灯灭，警示灯全灭			5	
合计				100	
学生签字：			教师签字：		

【项目拓展】

　　本项目中的"检测分拣单元"设备实现了瓶装产品的瓶盖拧紧检测、瓶内颗粒料数量检测、瓶盖颜色检测，对于不合格品（瓶盖未拧紧、瓶内颗粒数两颗或四颗）将被推出至辅皮带上。现接到设备的功能升级要求：在不合格瓶被推至辅皮带上后，需继续将不合格瓶分拣至瓶盖未拧紧、瓶内颗粒两颗、瓶内颗粒四颗三个区域。请完成设备的功能升级开发，并进行虚拟调试，验证所开发设备的结构、功能以及 PLC 程序的正确性、可靠性、稳定性。

【知识回顾】

参 考 文 献

［1］黄文汉，陈斌.机电概念设计（MCD）应用实例教程［M］.北京：中国水利水电出版社，2020.

［2］孟庆波.生产线数字化设计与仿真（NX MCD）［M］.北京：机械工业出版社，2022.

［3］李红斌.机电一体化子系统安装与调试［M］.北京：外语教学与研究出版社，2017.

［4］廖常初.S7－1200/1500 PLC 应用技术［M］.2 版.北京：机械工业出版社，2021.